# 管理的智慧

高安邦——著

Management Wisdom

# 序

管理需要智慧，過去如此，現在也如此，未來更是如此。本書的緣起，要回到在國立政治大學擔任社科院院長，講授碩士在職專班的策略管理這門課時。這門課的講授，除了理論的介紹之外，更要安排個案的分享。雖然許多管理學的相關書籍在理論與個案分析都相較完備，但是大多缺乏人文的色彩，和對社會的關懷。這也引起了我用另外一種角度，來探究管理的真諦，也可說是本書撰寫的動機。

由於長期在學術界工作，雖然有兼任

金融機構董事的職務，自己仍然深深感覺管理的實務經驗不足，一直到轉任桃園市教育局局長及桃園市副市長之後，才大大增加了自己的實務經驗，提高了自己的自信，也促成了撰寫本書的可能。

以銅為鏡，可以正衣冠，以古為鏡，可以知興替，以人為鏡，可以明得失。本書的案例結合了歷史和人物，可以知興替和明得失。當代由於數位科技的進步，人工智慧的普及，對管理產生了很大的影響。在這種情況下，如何將人文色彩嵌入管理科技中，是一項重要的課題。

本書可以作為管理課程及公共政策議題的補充教材，在教育領域的案例亦可以提供給校長作為治校的參考，它也是一本管理哲學的書，讓我們對管理有重新思考的機會，來順應新時代的變化。

# 目錄

What's on your mind?
HSYLC 2017

# 01 外來政權

職棒的搖籃 - 平鎮高中

對許多學校來說，每年的八月一日是一個重要的日子。這一天，有些新任的校長要就任，有些轉任的校長要履任。到任之後，要馬上建立行政團隊。學校的親師生要迎接一些新面孔，要適應新人新政，要面對新的未來。

校長首先面對的就是用人問

題。曾國藩考取進士之後，受到他的老師穆彰阿大學士的賞識，並向皇帝推薦曾國藩「膽大心細，才可大用。」於是曾國藩受召入宮，讓他在偏殿晉見。曾國藩看著皇帝座椅三呼萬歲跪拜之後，就在偏殿等待。等了幾個時辰之後，太監傳話要曾國藩先行回去。

回去之後，穆彰阿問曾國藩皇帝召見的情形。穆彰阿不愧是滿清的重臣，他就問曾國藩當時四周的環境，曾國藩就說他看到了皇帝的龍椅，後面還有一幅字畫，不過字太小，看不清楚。穆彰阿一聽，馬上派家僕帶個紅包去找值日的太監，打聽到龍椅後面掛的字畫是「太祖庭訓」。

過幾天，皇帝再度召見曾國藩，並問起他前幾天在等待的時候看到了什麼。曾國藩就把「太祖庭訓」說了出來，皇帝龍心大喜，就向穆彰阿大學士說你推薦的人真是「膽大心細，才可大用。」此後，曾國藩就受到了朝廷的重用。

校長要組行政團隊，疑人不用，用人不疑。所謂「明主絕疑去讒，屏流言之迹，塞朋黨之門。」然而受到校長任用的主任或組長，也要學會忍受不公平，學會恪盡職責。行政團隊可以向外延攬，師良則生強，就像李斯所說：「夫物不產於秦，可寶者多；士不產於秦，而願忠者眾。」外聘優

世界青棒冠軍的喜悅

秀人才可以刺激學校的文化，改變學校的視野。

「美女入宮見妒，士無賢不肖入朝見嫉。」用人之後，仍需注意他人的反應。批評在所難免，畢竟所謂外來政權更易招致眾人眼光，更需審慎考量，並承擔所有後果。

# 02 選人與用人

候用校長治校理念發表會

要籌組一個行政團隊，主事者怎麼選人？怎麼用人？老子說；「自伐者無功，自矜者不長。」有很多人常常會誇耀自己，特別是在面試的時候。我們常常可以看到「能言之者，未必能行；能行之者，未必能言。」很多人都會利用各種方法來裝飾自己，然而，無論烏鴉怎麼樣用孔雀的羽毛裝飾自己，烏鴉畢竟是烏鴉。

漢高祖劉邦選用人才最大的特點就是知人善任，各式各樣的人才都有。張良出身貴族世家，祖父及父親都擔任過相國，蕭何是縣府的小吏，樊噲以屠狗為業，灌嬰是布販，婁敬是戍卒，彭越曾經聚衆為盜，周勃靠演奏喪樂為生，韓信曾寄食於他人，並為眾人所厭惡。由此可見，劉邦的團隊是一個雜牌軍，但事後證明，這個團隊是相當的成功。

唐太宗李世民說：「明主之任人，智者取其謀，愚者取其力；勇者取其威，怯者取其慎，無智、愚、勇、怯，兼而用之，故良匠無棄材，明主無棄士。」換句話說，各式各樣的人才皆可利用。在一個機關內，讓急性子的人處理最速件，讓慢性子的人慢工出細活，讓個性木訥的人管檔案，讓愛出風頭的人從事公關，讓吹毛求疵的人做監督，讓錙銖必較的人管總務。因此，「王者不卻眾庶，故能明其德。」

雖然選人要多元取才，但用人也要人盡其才，適才適所。也就是說，「如巧匠之制木，直者以為轅，曲者以為輪，長者以為棟樑，短者以為拱角，無曲直長短，各有所施。」即使是偷盜之徒，亦可成大功立大業。水滸傳中的地賊星鼓上蚤時遷就是典型的例子，京劇中有名的「時遷盜甲」就是這個傳奇。

水滸傳中的時遷是一名擅長盜竊的飛賊，加入梁山之後，因太尉高俅命呼延灼以連環馬戰術攻打梁山，梁山泊難以破陣，地孤星金錢豹子湯隆推薦表兄徐寧的鉤鐮槍絕技可以破陣，於是時遷就到開封盜取了徐寧的祖傳寶甲，使徐寧上了梁山，並教導梁山泊用鉤鐮槍大敗呼延灼。

另外一個例子是小偷獻技，在《淮南子》中也有記載。齊國進犯楚國，楚將子發率軍迎敵，楚軍三戰皆敗。此時一位神偷請戰，第一晚在夜幕掩護下，將齊軍主帥的睡帳給偷了回來，子發派使者送還。第二晚偷得齊軍主帥的枕頭，也依樣送回。第三晚偷得主帥頭上的簪子，又一次送還。齊軍主帥甚為恐懼，若不退兵，恐失其頭，於是齊軍不戰而退。

人各有所長，也各有所短。在適當的時機，讓各式各樣的人發揮他們的力量。不過值得注意的是：「高山之顛無美木，傷于多陽也；大樹之下無美草，傷于多陰也。」所以當一名主管，如何避免屬下鋒芒太露，或積極度不夠，是主管的智慧考驗。

媒合產學跨域合作

校長到學校履新，選用行政團隊成員之後，必須爭取親師生的認同。由於人格特質的不同，一個機關的新領導人會帶來組織氣候的改變。我們常說新官上任三把火，我在就任教育局長時，也不遑多讓，提出了三個學習：在失敗中學，在做中學，在生活中無時無刻的學。同時也提出了三個合作：跨域合作、產學合作和各級學校的合作。

改變有可能成功，也可能招致失敗，重要的關鍵在爭取認同。認同就是要塑造我族意識，志同而道合，團結而力量大。古今中外，黑白兩道都有幫派，都給自己的人冠上一個稱號，以爭取認同。白的叫黨，黑的叫幫。為了強化認同，有的還加上了標章、符號、暗號、手勢和儀式。日本戰國時代的武將或大名都有自己的家紋，打仗時，士兵還背著有家紋的旗幟，除了容易辨識之外，就是加強自我的認同。

在中國政治史上，黨爭的形成和君權旁落及取士制度有關。然而，國君所採「分而治之」的手段，君不明斷，仕途壅塞，更易促成朋黨的形成。唐朝由於宦官專政，朝中大臣也結成朋黨。最有名的就是牛李黨爭。一派以通過科舉考試進入朝廷的牛僧孺為首，另外一派則是以公卿子弟的李德裕為代表。他們都因取士制度的不同，而各自形成強烈的自我認同，並塑造我族意識。

幫派的形成和聚衆也大都如此。中國的青幫最早起源於漕運，後來隨著海運興起，漕運沒落，青幫人士到了上海從事各種行業，其中最有名的就是上海灘三大亨，黃金榮愛財，張嘯林擅打，杜月笙會做人。在國共內戰後，青幫也轉到了香港和台灣。青幫的組織嚴密，相當神秘也講究規矩。除了暗語、手勢之外，還要背自己的「三幫九代」。三幫是一位弟子有三個在不同地域派系的師父，即：引見師、佈道師及本命師。九代是自己在幫內的家譜，含三位師父及師爺一共九人。

台灣的幫派有角頭型和組織型，各自的發展與經營模式也不同。角頭型往往有自己固定的地盤，像「廟口」與「後壁厝」。因為與地盤有相當的連結，所以幫派的名稱和他們所佔領的地盤有直接的關聯，像萬華的芳明館和桃園的大樹林。組織型的幫派有自己的幫規，也會有管理階層的分工，或因組織擴張而下設有「堂口」，像竹聯幫、四海幫及天道盟都是。近年來，更因時代環境的進步，幫派也走向企業化。

不管朋黨、幫派或其他結社團體也好，人們的結合不外乎是爭取利益或維護既有的利益。結合運作成功的條件，奠基於族群的自我認同，以強化其向心力，並發揮更大的影響力。和不同的團體溝通，就融入他們的認同意識。我就任局長時，就有很多同仁提示我，有些教師團體的領導幹部很難應付，他們都和教育行政唱反調。不久之後，我過去和他們溝通，我開頭就說：「我是一位馬克思主義者，我研究馬克思，我的心是中間偏左，我會批判，勞工的心我很懂。」他們萬萬也沒有想到，來的竟然是一位了解社會運動的人，也比較貼近他們的族群認同。

有了教師團體的同理心之後，我才能夠「得之於手，應之於心，迴旋進退，莫不中節。」和反對派溝通是一個大學問，先要調整自己，取得對方的認同，然後再告訴他們：「天地之道，非陰則陽；萬物之宜，非柔則剛。」只要大家願意，凡事都有妥協迴旋的餘地。「鳥窮則啄，獸窮則攫，人窮則詐。」因此，給對方留一個退路空間也是重要的。

# 04 始計

拜會匈牙利國會執政黨黨部

一個機關的新領導人在就任之後，組織了他的團隊，贏得了下屬的認同，上下一心，其利斷金。就像主帥帶著軍容壯盛的隊伍出征，面對不可知的未來，要打一個漂亮的勝仗。《孫子兵法》的第一篇就是《始計》。開宗明義就說：「兵者，國之大事，死生之地，存亡之道，不可不察也。故經之以五事，校之以計，而索其情。」

《始計》是教戰的根本原則，是開始前的準備。孫子說的五事就是：道、天、地、將、法。「道者，令民與上同意，可與之死，可與之生，而不畏危也。」所以道的方法就是要培養認同感，同心協力，生死與共。天和地就是指所處的環境，也包含了時間的因素。所以說：「天者，陰陽、寒暑、時制也。地者，遠近、險易、廣狹、死生也。」至於對主帥的資格要求則是：「將者，智、信、仁、勇、嚴也。」要運用的法是：「法者，曲制、官道、主用也。」換句話說，法是：組織結構、人員編制、管理制度與資源分配。

我們常說新官上任三把火，依孫子兵法的觀念，第一把火燒的是熱情團結的火，第二把火是看清時空環境的火，第三把火則是照亮主官進退的明火。日本對孫子兵法的研究，從平安時代到江戶時代風氣很盛，一直到明治維新之後，日本才轉向學習德國的現代軍事管理。不過在今日，日本的企業經營者有很多都非常重視孫子兵法，並運用在現在的企業經營中。日本的軟體銀行社長孫正義雖然在美國接受教育，但是他的經營理念，卻充滿了孫子兵法的思想。他的經營哲學是「一流攻守群，道天地將法，智信仁勇嚴，頂情略七鬥，風林山火海。」

孫正義要經營第一流的企業，順應時代潮流，並將攻守並列以警惕自己，以孫子兵法的「道、天、地、將、法」及「智、信、仁、勇、嚴」為基礎，並站在頂峰眺望全局，周全收集情報，有七成勝算之後，再定下戰略，在做法上就是疾如風，徐如林，侵略如火，不動如山，廣褒似海。

《始計》中除了五事之外，還提到了計。那就是：主孰有道？將孰有能？天地孰得？法令孰行？兵衆孰強？士卒孰練？賞罰孰明？唐太宗曾經和大將李靖討論孫子兵法，唐太宗認為孫子的兵法十三篇無出虛實。並且「策之而知得失之計；作之而知動靜之理；形之而知死生之地；角之而知有餘不足之處。」換句話說，在現代的經營管理上，先要有完善的規劃，運作之後要知道怎麼調整，主管與部屬要上下同心，以科學的組織管理，提高人員的工作效率，施行賞罰分明的激勵措施，並掌握時代潮流，才能邁向成功之路。

匈牙利功績十字勛章

# 05 作戰

莫斯科的高牆

新人新政推動改革，就像作戰一樣，希望在最短時間內，以最小的代價獲得最大的戰果。自古以來，打仗需要人力、兵器、糧草、裝備、車輛、後勤等不一而足，所以戰爭非常消耗資源。《孫子兵法作戰篇》說：

「日費千金，然後十萬之師舉矣。」戰爭也十分耗時，「其用戰也，勝久則兵挫銳，攻城則力屈，久暴師則國力不足。」

但是一旦投入了戰爭，就要就地補充，速戰速決。「善用兵者，役不再籍，糧不三載，取用于國，因糧于敵，故軍食可足矣。」戰爭和經濟密切有關，戰爭過久，兵力疲憊，銳氣受挫、財政耗竭。「故不盡知用兵之害者，則不能盡知用兵之利也。」因此，兵貴神速，故「兵貴勝，不貴久。」

一八一二年的夏天，拿破崙決定率大軍攻打俄羅斯，俄軍節節敗退，沙皇撤換了 Barclays de Tolly，換上了獨眼將軍 Mikhail Kutuzov。他在俄軍失利的情況下，面對優勢的法軍，選擇了撤退，並採取堅壁清野的戰略。後來在 Borodino 戰役中，雖然法軍慘勝，也讓拿破崙說出：「在我的五十場戰役中，最可怕的就是在 Borodino。」，那也是拿破崙在俄羅斯境內最後一次大進攻。大文豪 Leo Tolstoy 在他的巨著《戰爭與和平》中，也指出俄軍在奮力一搏後，為保存戰力也放棄了莫斯科。書中的主角之一 Andrei Bolkonsky 就是在 Boridino 戰鬥中身負重傷而逝去。拿破崙攻打俄羅斯沒有速戰速決，戰線拉得太長，由於俄羅斯的焦土政策，拿破崙又無法就地整補，耗費太大，到了寒冬，只有失敗撤退。

莫斯科聖瓦西里大教堂

一五九二年日本豐臣秀吉發兵攻打朝鮮，朝鮮向中國求援，明神宗遂派李如松率軍增援朝鮮。這場戰爭進行了六年八個月，其中也經歷了和談，但沒有結果。這一場冗長的戰爭對中國、朝鮮和日本都造成了很大的影響。戰爭所在地的朝鮮半島人口銳減、民生凋敝，在日本及中國，雙方都耗費了大量的人力及物力，為後來日本德川家康及中國滿清的崛起，創造了條件。

一個新校長就任之後，要贏得全校師生的肯定，通常都會希望有一些作為。好大喜功者，就想要打一場大戰，爭取一些可以看得到的建設，迅速改變校園風貌。這一類型的學校，資本支出就會大幅增加。如果所需資源提供不上，又耗時過久，極易招致失敗。《老子道德經》有云：「天下難事，必作於易；天下大事，必作於細。」所以，先從小地方和容易做的地方開始吧！

# 06 謀攻

在紐約的世界智慧城市評選

《禮記．中庸》：「凡事豫則立，不豫則廢。言前定則不跲，事前定則不困，行前定則不疚，道前定則不窮。」凡事有預謀，事先規劃就會成功，沒有預謀就會失敗。說話之前，事先想好，就不會語塞，做事之前，事先準備好，就不會感到困難。行動之前，事先設算好，就不會內心不安，進行的方法，則事先定好，並有周全的準備，就不會陷入絕境。打仗和做事都相同，事先規劃，思慮縝密，萬全準備，才能萬無一失。

《孫子兵法．謀攻》：「上兵伐謀，其次伐交，其次伐兵，其下攻城。」最高明的行動就是善用謀略，所謂不戰而屈人之兵。西元前六三〇年，秦晉聯合伐鄭。鄭文公接受大夫佚之狐的建議，派燭之武去遊說秦穆公，於是燭之武就利用夜色，垂吊繩子出城赴秦營。他告訴秦穆公當年晉惠公曾答應將焦、瑕兩地予秦，誰知道晉惠公早上渡河回國，晚上就反悔了。晉國現在要大肆擴張東方的邊界，屆時也會開拓西邊的領土，那時候只有針對秦國了。秦穆公一聽，就和鄭國結盟，留下杞子、逢孫、楊孫戍守，就回國去了，連帶也使晉國退兵。這就是有名的「燭之武退秦師」。

在當前激烈的企業競爭環境中，企業要存續發展，必須要有一套很好的策略和定位，也就是謀略。換句話說，要去做對的事情，而不是僅將事情做對。一九二〇年代，福特汽車為了滿足大眾用車的需求，為了降低生產成本，發明了裝配線，生產 Model T 的汽車。單一車型、單一黑色、加上大量用裝配線的生產，使福特汽車生產非常有效率。然而，通用汽車卻採取了另外的策略，為滿足消費者不同的需求，推出有不同高低價位的車型，包括：Cadillac，Buick，Oldsmobile ，Chevrolet ，還有針對青少年喜愛的 Pontiac，在市場佔有率上就超越了福特。

聯邦快遞的創辦人 Frederick Smith 早年就讀於耶魯大學，修一門經濟課，做了有關隔夜快遞的報告，這篇報告被教授評為C，但是他堅信認為這個想法是可行的。畢業之後，他投身海軍陸戰隊，並參加了越戰。一九六八年五月二十七日他領導一個連在廣南省和北越軍交戰，戰鬥中他很鎮定不退縮，並指揮大砲和飛機轟炸離他只有五十公尺的敵人，並給予重創，因而獲得銀星勳章。退伍後，於一九七一年創辦了聯邦快遞，實現了他的想法，直到今日，聯邦快遞已經是全球貨運業知名的大公司。所以謀略可行，加上領導人睿智，堅持做對的事情就能夠成功。

「知可以戰與不可以戰者勝，識衆寡之用者勝，上下同欲者勝，以虞待不虞者勝，將能而君不御者勝，此五者，知勝之道也。」我接任教育局長

2019 年世界智慧城市第一名

時，一開始想要推動「智慧學校、數位學堂」計畫，我評估了手頭上的經費，考慮了少數幾所學校就可以做示範，也相信可以找得到和我上下同心的校長，並設想充分建置完成的學校可以去影響那些落後的學校，再加上市長充分授權於我，並相信我的能力。這五個成功的要素都具備了，所以我就放心的去推動，也幫助桃園在二〇一九年，奪得ICF全球智慧城市評選世界第一的榮耀。

# 07 佈陣

大軍要出征通常先要有行軍編成，最前面的是先鋒部隊的先陣，再來是戰鬥部隊的中樞，也是中軍，後面是後軍與預備隊叫後陣，另外還有運送後勤補給的隊伍，在日本戰國時代稱為荷駄隊。通常主帥會選擇行軍到一個有利的地形，去依地勢佈陣，並尋找有利的戰機。

關原戰爭開戰地

杜甫還為中國歷史上有名的佈陣－八陣圖，寫了一首詩：「功蓋三分國，名成八陣圖。江流石不轉，遺恨失吞吳。」諸葛亮的八陣圖分別以天、地、風、雲、龍、虎、鳥、蛇命名，加上中軍，形成九個大陣，並按遁甲分成生、傷、休、杜、景、死、驚、開八門，依據戰鬥的需要，擺出不同的隊形相互配合，相互支援，以達到最佳效果。

雖然行軍佈陣很重要，但有利的陣形，也不一定會得到成功的結果。在日本戰國時代，就號稱決定天下之戰的關原之戰來說，以石田三成為首的西軍，佔領了關原盆地西邊的北國街道，及中山道這兩處狹路出口的丘陵下方陣地；以德川家康為首的東軍，則是沿著今日的東海道行進通過山谷，進入關原盆地，在盆地中央並朝西軍方向建立陣地。因此，東軍的進攻，就是由盆地往丘陵，也就是由低往高的方向攻擊。這種佈陣不但會被對方俯視發現，也不利於向上攻擊。然而老謀深算的德川家康鼓動了佈陣在松尾山的小早川秀秋叛變，反過來攻擊西軍的側翼，造成了德川家康獲勝，為德川幕府的開創奠定了基礎。

《孫子兵法．虛實篇》：「夫兵形象水，水之形，避高而趨下，兵之形，避實而擊虛。水因地而制流，兵因敵而制勝。故兵無常勢，水無常形，能因敵變化而取勝者，謂之神。」所以在佈陣之後，隨著戰爭的進行，用兵作戰沒有一成不變的態勢，陣形就要視情況而變，從攻擊陣轉為守備陣，或從守備陣轉為攻擊陣。因此，能夠根據軍情的變化而取勝的，可稱為用兵如神。

西元前二一六年，迦太基的名將漢尼拔率軍入侵義大利，羅馬打算在Cannes與漢尼拔決戰。羅馬的佈陣將騎兵放於兩翼，將重步兵以方陣的形式，置於中軍。漢尼拔則是將最不可靠的高盧新兵安排在中軍，並混以西班牙重裝兵。騎兵則安排在步兵的兩側，並把軍隊部署成中央突出的弓形狀，以誘敵深入。開戰之後，迦太基中軍不敵而後撤，但左翼的騎兵擊潰了羅馬的騎兵，並與右翼的騎兵合圍了羅馬軍團，獲得了壓倒性的勝利。

好的佈陣雖然可以創造良好的開端，但陣形應該是動態的，要隨實際情況彈性

調整。我對桃園教育發展所佈的陣，可說是雁行陣。領頭的先陣就是智慧教育聯隊，隨後的右翼是雙語教育和左翼的創造力教育，雙語教育之後緊跟著國際教育，創造力教育之後緊跟著自主教育。先頭帶領的智慧教育聯隊在雁行陣中，不僅扮演了領航的角色，也是戰爭過程中最好的先鋒。

# 08 誓師

戰爭會造成人員的傷亡，造成社會經濟的民生凋敝，會消耗大量的國家資源，因此參戰的各方都會追求勝利。然而，戰爭進行也會受到多重因素的影響，戰爭具有動態性和高度的不確定性，所以主帥就

會在戰爭之前，以儀典或精神講話等各種方式，激勵部屬士氣，以增加獲勝的可能性。

古代中國對戰爭的預測，有多種的形式。商周時期龜甲占非常流行，將龜甲投入火中，根據燒出的紋路，來判斷吉凶。也有觀日月、星辰、雲風、災異等各象而占。北宋官方編修的《武經總要》就有如下的記載：「凡軍馬旗纛無故倒折，主大將失位。」「若夢得大魚者，戰大勝。若夢聞雷劈破賊，急進兵，大勝。」「凡兩軍相當，有飛鳥入我城壘營陣者，大凶，急移營陣，吉。兩軍相當，有虎狼豹貍走入其中，或走圍繞軍營悲鳴者，將有凶，必大敗。」

日本戰國時代，各軍都會舉辦出征儀式，從三獻儀式到舉旗，可說是非常隆重，這是典型的精神動員。戰國武將都把出征當成神聖任務，希望能夠得到神明的保佑，甚至神明附體，以獲得勝利。通常會由軍師用筮竹等工具舉行占卜儀式，占得出征日期後再進行戰勝祈願儀式。並向神明獻唱「出征連歌」。明智光秀發動本能寺之變的前夕，在京都的愛宕神社和著名的連歌師里村紹巴進行連歌，並詠出知名的「土岐出身的光秀取得天下的五月」。

在出征當天會進行三獻儀式，獻上打鮑（打）、勝栗（勝）、以及昆布（喜悅），代表攻擊獲勝的喜悅。在儀式之後，會讓總大將跨越擺放在城館門下的菜刀，宣誓作戰的決心。在完成三獻儀式之後，會將酒倒入陶器後喝下，再將陶器砸碎，並將橫躺在地上的旗幟立起，這就是所謂的舉旗。

除了儀典之外，精神動員也可以透過精神講話或口號來完成。春秋戰國時代，秦國的口號「赳赳老秦，共赴國難，赳赳老秦，復我河山，血不流乾，死不休戰。」非常振奮和團結人心。日俄戰爭時，日本聯合艦隊司令官東鄉平八郎在接獲發現波羅的海艦隊之後，升起了Z字旗，並向全艦隊發出了「皇國興廢在此一戰，各員一層奮勵努力。」將軍的講話為了貼近士兵，甚至連講髒話都覺得很貼切。美國的巴頓將軍說道：「記住，我們的步槍是世界上ｘｘ的最好的殺人武器。德國佬對它怕的要死，所以要好好使用它，每次戰鬥都要打上一百發，包你活得更久。」

儀典和精神口號都是祈求事情發展順利的手段。我們常看到一個新建的工程，有開工典禮、上樑典禮和完工啟用典禮。改革和打仗一樣，是一條艱苦的道路。如何利用精神動員去支持改革的進程，以確保改革能夠順利成功，當然免不了要提出一些精神口號。「不要因為麻煩而不做，不要因為困難而猶豫，不要因為憂慮而退縮，不要因為傳統而保守。」

# 09 戰術

古代俄羅斯巨砲

戰術是一套行動的方案，在戰略或策略的指導之下，針對特定的時空環境所做的決策，並達成其目標的手段。以戰爭來說，擬定一切削弱敵人力量的方法，其過程便是戰略；為了完成戰略的目標，所進行的戰勝敵人之技術，可以被視為是戰術。第二次世界大戰時，美軍統帥麥克阿瑟在太平洋戰區採取了跳島戰略，以減少日本的實力，並降低美軍的傷亡。他在收復菲律賓之後，跳過台灣，以優勢火力的戰術，攻克琉球，實現他的跳島戰略。

戰術不是靜態的，而是動態的技術。有些戰術的出現，是雙方互動以後的結果。古今中外，騎兵的運用有很長一段時間，一直到第一次世界大戰，還有騎兵的衝鋒。騎兵的特性在於可以活用其機動力，進行迂迴奇襲，並給予步兵帶來很大的衝擊力。因此為了對付騎兵，就會設下陷阱，挖壕溝，並建防馬柵。

火繩槍於十六世紀傳入日本，對日本戰國及侵略朝鮮，都產生非常重大的影響。織田信長的火槍兵一分鐘可以射擊兩次，射程約一百五十公尺，由於是滑膛，準度不高。而武田信玄的騎兵在衝鋒時，一分鐘可以突破六百公尺。因此，火槍兵必須在防馬柵後開火才是上策。織田信長甚至發展出三段式射擊法，以克服步兵的弱勢。

戰術也要和環境的變化相結合。有「沙漠之狐」之稱的德軍元帥隆美爾，為了彌補坦克數量相較於英軍的劣勢，當風吹向英軍的時候，讓坦克的排氣管朝地面排放廢氣，在沙漠中捲起滾滾黃沙，讓英軍的視線受阻。織田信長利用突如其來的大雷雨，掩護軍隊發動奇襲，在桶狹間斬殺了戰國時代領地有百萬石的大名今川義元。一九四五年八月八日，美國 B29 轟炸機載著第二枚的原子彈，要去轟炸北九州的小倉，由於該地被雲層覆蓋，不得不轉移到長崎，結果雲層又增加，看不到目標，直到最後一刻，雲層稍微轉薄，於是就轟炸了。

我在教育行政領域推動改變，所依據的戰術指導原則，就是《道德經》所

說的：「有無相生，難易相成，長短相較，高下相傾，音聲相和，前後相隨。」學校向我說沒有平板電腦，我就想辦法讓他們有；學校向我說做起來很困難，我就想辦法讓他們用容易的方式去完成；我會讓學校間比較長短，這樣才會促進他們的進步；我會讓學校知道學生學習力的高低，會對日後造成重大的影響，不可不慎；學校向我發出聲音，我會以回饋作為回音，也就是有求必應；我要推動前瞻的政策在前，也希望各個學校能夠緊跟在後。值得欣慰的是：有些學校已經脫胎換骨變成騏驥，但是要注意：「騏驥之跼躅，不如駑馬之安步。」

桃園市智慧教育聯隊

# 10 視野

在加州與海外研習高中生對話

擬定宏觀的大戰略，創造彈性靈活的戰術，以最小的代價，獲得最大的成就，是每一個領導人所需要的作為。領導人不必個個是天才，但也不能個個是庸才。通常天才是寂寞孤單的，然而庸才卻常是無聊成群的。天生我材必有用，天才也好，庸才也好，都各有作為，只是高度不同，視野不同。

領導人要有大志，要有高度和廣大的視野，才能訂定宏偉的戰略方針，創造彈性靈活的戰術。《列子．楊朱篇》：「吞舟之魚，不游枝流；鴻鵠高飛，不集污池。何則？極其遠也。黃鐘大呂，不可從煩奏之舞，何則？其音疏也。將治大者不治細，成大功者不成小。」所以，領導人要有鴻鵠的遠大志向，也不要讓黃鐘大呂這種莊嚴的音樂，伴隨煩雜湊合的舞蹈，準備做大事的領導人就不要做小事。

要擴大領導人的視野，就必須跨域學習。現在是科際整合的時代，每一個領域都得到其他領域的滋潤而成長。因此，要得到各種領域的知識，就要觸類旁通。《禮記．學記篇》：「良冶之子，必學為裘；良弓之子，必學為箕。始駕馬者反之，車在馬前。君子察於此三者，可以有志於學矣。」好的冶匠要先學做皮裘，好的弓匠要先學做畚箕，剛要學拉車的馬反而要在車後學。

擴大視野不斷學習，才能站得高、望得遠，這是胸懷大志的基本條件。《荀子．勸學篇》：「吾嘗終日而思矣，不如須臾之所學也。吾嘗跂而望矣，不如登高之博見也。」視野也是一天一天的學習，一天一天的累積。「不積跬步，無以致千里；不積小流，無以成江海。騏驥一躍，不能十步；駑馬十駕，功在不舍。鍥而舍之，朽木不折；鍥而不舍，金石可鏤。」

留學美國是我擴大視野的轉折點。未出國留學之前，我喜歡閱讀有關國外風土人情的書籍雜誌，也喜歡了解世界各國偉大人物的奮鬥歷史，我記得在高中時，我還去看林肯的蓋茨堡演講詞，也背誦甘迺迪總統就職的演說，和孫中山的遺囑。到美國之後，實際融入了美國的生活方式和思考模式，產生了文化的衝擊和思想上的大躍進。

為了「師夷長技以制夷」，晚清選拔幼童赴美留學必須符合「志趣遠大、品質樸實、不牽於家累、不役於紛華」的原則，在美期間也要兼學四書五經及國朝律令，以不忘本。在封建社會的背景之下，接受自由平等的思想，學習以科學為基礎的知識，內心的震撼與衝突，可想而知。百年之後，留學的環境已經大為改變，學習的工具眾多而普及，無所不在均可學習，學習的代價降低，自主學習變得更加容易，由於技術的進步，知識和訊息的落差也在縮小。留學的主要利益就是在知道國內外實際的落差，要迎頭趕上，並增加在國際上的競爭力。所以沒有留學，也可以擴大視野，端乎個人而已。

# 11 氣勢

Facebook 總部

一個領導人除了要有廣大的視野之外，還要具有服眾的氣勢。這樣才能使眾人信服，上下同欲，團結一心，共同努力達成目標。這種氣勢，也是一種正氣，也讓我想起了文天祥的正氣歌：「天地有正氣，雜然賦流形。下則為河嶽，上則為日星。於人曰浩然，沛乎塞蒼冥。」可說氣勢磅礴。每一種人顯現出來的氣勢要不一樣，軍人要雄壯威武，警察要疾惡如仇，法官要公正不阿，首長要大義凜然。

我過去曾經擔任過校長遴選委員會的召集人，在遴選校長時，首先要看的是：候選人出場的氣勢，一出場是不是有校長的架勢，有沒有鎮定、有條不紊、臨危而不亂？候選人的治校理念報告，可以類比校長在全校朝會中的講話。話都講不清楚，概念都沒辦法完整表達，也沒有辦法服眾，這樣子怎麼能當校長？

領導人要具有服眾的氣勢，並非與生就有，也非一蹴可得。氣勢需要透過時間的營造，日積月累，經過經驗和學習，然後才具備。首先，領導人要有豐富的學識和較好的學經歷。在大學，因為教授治校，教授們都取得最高學位，誰也不服誰。因此，在研究型大學，大家基本條件都差不多，只有比研究。研究好的可以氣勢凌人，也容易當學校的領導人。

《孫子兵法．兵勢篇》：「激水之疾，至於漂石者，勢也。」換句話說，要能冲漂大石，就要激流的大水，才能造就那個氣勢。「故善戰者，求之於勢，不責於人，故能擇人而任勢。任勢者，其戰人也，如轉木石。木石之性，安則靜，危則動，方則止，圓則行。故善戰人之勢，如轉圓石於千仞之山者，勢也。」會打仗的人，會創造有利於自己的氣勢，也要選擇人才去適應和利用自己造成的氣勢。其所造就的氣勢，就像圓石從高陡的山上滾下來，來勢兇猛，也就是領導人所需要的氣勢。

氣勢要強大，心態要堅定，並令人信服，但化為行動時，又必須合乎理性。賽局理論中，有所謂的儒夫的賽局（chicken game），參賽者誰先退讓，就會被嘲笑為懦夫。西元一九六二年，美國甘迺迪總統面臨古巴飛彈危機時，以強硬的氣勢，堅定要求蘇聯撤離在古巴布署的SS-4中程彈道飛彈，並封鎖古巴海域，並向蘇聯潛艦投擲深水炸彈，大戰一觸即發。後來經過雙方理性談判，蘇聯撤走飛彈，美國承諾不入侵古巴，並撤出在土耳其與義大利的飛彈，古巴飛彈危機才落幕。甘迺迪的氣勢強硬，行動理性。

推動改革，先要營造出一種不可阻擋的氣勢。教師團體在推動國小校長遴選時，主張出缺學校的浮動代表制，並形成一股強力的氣勢。要阻擋這股氣勢，讓教育行政機關壓力很大。但是無論如何，作為一個校長就要有接受挑戰的勇氣。校長要得到學校老師的支持，學生的愛戴，家長的信賴，才有可能在不同的遴選制度之下，都可以得到最高的評價。

# 12 領導魅力

史丹佛大學設計學院

領導人除了要有磅礡的氣勢之外，還要有魅力。領導魅力（charisma）是領導者具有一種特有的人格特質，使部屬願意心悅誠服地去接受他的領導。

一八一四年反法聯盟的聯軍打敗拿破崙進入巴黎，並將拿破崙流放到地中海的厄爾巴島。隔年，拿破崙潛返法國，一上岸，法國國王路易十八派軍隊去捉拿他，結果是拿破崙個人的領導魅力感召了他們，軍隊變成熱烈歡迎他，並高呼萬歲。

領導人具有魅力是因為他具備了許多特質，讓人覺得他與衆不同，並在其領導下，被激發出自願付出心力，以得到更多的滿足感。領導魅力可先從領導人具有敏銳的觀察力來看。有一次我陪同鄭文燦市長去視察一個國中，該校校長當場向市長爭取家政教室設備的改善，市長觀察到教室有一塊玻璃破了，而且破璃很髒，就可以知道這個學校的校務狀況。我通常都會無預警的到各校，先觀察學校的門禁，看警衛是否殘障人士擔任。再看校長室的白板，上面有行事曆和一些基本的統計數字。因此，我就可以了解學校的校務和活動。我也特別會注意中輟的數字，以了解學生的狀況。校長不在時，我會在白板上寫我來了，並押上時間。我會注意校長和同仁的互動，《孫子兵法．地形》：「厚而不能使，愛而不能令，亂而不能治，譬若驕子，不可用也。」由此可以判斷校長和同仁的關係和校長的領導統御。

領導魅力也可以從博聞強識來看。《禮記・曲禮上》：「博聞強識而讓，敦善行而不怠，謂之君子。君子不盡人之歡，不竭人之忠，以全交也。」鄭文燦市長的最大特色是見聞廣博，記憶力超強，桃園市超過五百位里長的名字都叫得出來，甚至聽說他可以記超過一萬五千人人的名字。他充分了解地方開發的歷史，熟悉地方人物，不會去討好別人無盡的喜歡，也不會去要求別人竭力的愛戴，不分政黨，和別人都保持永遠的交情。

校長圈也有領導魅力的校長，自然而然就會成為師傅校長，並對後進的校長，產生一定的影響力。我在發佈為教育局長後，在就任之前，經由安排和一些校長見面。其中有一位花蓮師範出身的校長，是讓我有第一印象的校長，他也是師傅校長，所以我在就任之後，經由他的協助，推動了一些政策。對於有領導魅力的校長，我交辦的事項通常可以很快又很順利的完成。有些校長不具領導魅力，又喜歡頤指氣使。這些人通常在退休之後，當了聘任督學，成為他們另一個表演舞台。聘任督學是教育局對退休校長尊崇的禮遇，義興國小的校長在退休之後，謝絕了這個禮遇，不計較名分，令我敬佩。

領導人要有魅力，也要體察民意，上下同心。有些校長在台上喜歡長篇大論，仍然無視台下的師生無奈又不耐，自然不會有領導魅力。他們都不知道「上下同欲者勝，同舟共濟者贏。」有些主管喜歡找很多部屬去做一些原本可以精簡的工作，而把事情搞得更加複雜，他們那裡能知道，「浴不必江海，要之去垢；馬不必騏驥，要之善走。」

# 13 動員

各界團體參與教育局活動

領導人除了具有領導魅力之外，還要能夠充分有效地動員。

動員是指能夠募集各種資源，包括人力、物力以及精神等各種層面的資源，以有利於所設定目標的達成。有魅力的領導人，除了可以迅速有效地募集和分配體制內的資源之外，還可以爭取到外界的支持，以有利於他的動員，完成他所期盼的目標。通常一個想要改變學校的校長，都會動員各種資源，包括人力和物力，並透過精神的感召，以便使學校呈現新的風貌。

由於教育行政主管機關的資源有限，校長都會爭取外界的奧援。爭取外界資源的主要對象是：家長與家長團體，民間社團，地方企業和民意代表。爭取外界的資源，有時候會欠下人情。所以鬼谷子說：「事貴制人，而不貴見制於人。制人者握權也，見制於人者制命也。」所以重要的是要掌握人，不要被人家控制，被人家控制的就容易唯命是從。以民意代表來說，為了得到更多選票的支持，都會努力替學校爭取資源，對學校的校務也會積極的參與，越大學校的校長，這種感受就越強烈，尤其是校慶運動會或其他慶典時，來了很多民意代表，如何安排接待更傷透腦筋。校長有很多的機會，欠下很多人情。但是校長應該要知道：民意代表需要你的支持，遠大於你對他們的需求。政治經濟學的定律：權力落在短邊。如何擺脫人情困擾，而不受制於人，達於數，明於理，可使立功。

有些家長團體提供資源給學校非常低調，有些則非常計較，甚至懷有另外的目的。有些很想做學校的生意，有膳食供應的，有工程的，還有電腦業等，各行各業大多和學校業務有關，有些則避之唯恐不及。教育局每年的尾牙，我都會邀請各個家長團體前來參加，並由家長團體認捐尾牙抽獎紅包，當時有兩大家長團體，雙方都要講面子，也創造了空前的紀錄，讓我們教育局的同仁眉開眼笑。

西元一八九二年，美國的鋼鐵大王 Andrew Carnegie 打算降低工人的薪資，造成工人的罷工，最後因為武力鎮壓，造成數十人的傷亡。有感於此，後來他才投入了慈善事業，並在賓州匹茲堡創立了今日美國名校之一的卡內基美隆大學。所以社會的資源挹注到學校，可以說是常見。在台灣，鄰近工業區的學校，常常可以獲得工業區廠商的回饋。有一些校長加入了扶輪社，也從扶輪社獲得資源和支持，甚至發生校園風暴，牽涉到校長要下台，他的扶輪社社友也會出面力挺。

至於動員機關的內外部人力資源，多為機關首長的難題。以學校來說，比較容易可以得到外部人力的資源，例如導護及圖書館志工。這些志工懷有熱誠，比較容易無怨無悔的付出。但是要動員學校的行政和教師，相對的比較困難，他們通常都會錙銖必較，並要求另外的選項。有些校長常會任用固定的人選，所以動員能力相對受限。《曾胡治兵語錄》：「人才以陶冶而成，不可眼孔太高，動謂無人可用。」由於有熱忱的老師太少，校長只有找年輕或新進的老師，通常以代理代課老師居多，來成為動員的對象。以色列是一個人力動員成功的國家，人口不到台灣的一半，但是在二次大戰之後，每次遇到戰火，領導人都不必擔心動員。其成功關鍵的因素，在於完善的制度和國民都有團結一致的心。

領導人可以透過精神動員來提高士氣。拿破崙要帶領部隊翻越阿爾卑斯山，進攻義大利之前，先把部隊集中起來，舉行閱兵，並發表鼓舞人心的演講：「士兵們！你們雖然生活條件很艱苦，但政府是你們的依靠，只要越過阿爾卑斯山，下面就是肥沃的平原和美麗的城市。讓我們懷著必勝的心，鼓起勇氣來吧！」士兵們都受到了感召，高喊法國萬歲。為了激勵一線教學老師的士氣，我也會深入了班上，去頒發獎狀給教學優良的老師，能夠讓老師和同學共同分享這個榮耀。所以精神動員可以靠語言，也可以靠行動，或其他獎勵誘因來激勵士氣，讓部屬提升榮耀感，全力以赴完成任務。

# 14 調整

Facebook 總部駐點藝術家創作

領導人為了實現目標或完成任務，都必須要有成功和有效的動員。然而在動員的過程中，往往會因為時空環境的限制，而出現一些變數或障礙。由此觀之，領導人就必須因時、因地、因人、因物、因事而做出調整。吳郭魚有強烈的泥土味，要能夠上檯面，就必須要做調整。先用豆腐乳去除土味，接著可以用一些酒去引出鮮味，不過這種方式是治標而不是治本。要治本就必須要改變養殖的環境，將有泥土的魚塭改良，並餵以豆餅，等到長大時，再換到小池子，並以碎米煮飯餵養，就會讓魚清新脫俗。

桃園龍岡以滇緬和雲南風味小吃出名。當年國民黨軍隊從滇緬和泰國邊界撤退來台，安置在忠貞新村，家鄉的小吃也稍作調整。米干是雲南普洱市民的日常早餐，他們將米干煮成豆粉一般的糊狀，再澆上花生湯，淋上芝麻醬。但是來台之後，想讓小孩子吃好一點，把米磨成粉，做成更有咬勁的麵條樣，再加上荷包蛋、豬肉等以增加營養。

領導人必須認識時代的背景，也要了解社會的現實。這樣一來，才能順應時空環境的變化，成功地做出調整。《水滸傳》雖然是一本文學巨著，但也是反映了當時民間的真實情況。故事雖然有點誇大和殘忍，但也和當時的現實相去不遠。《水滸傳》充滿了暴力美學和野蠻文化，從官逼民反，進而組織幫派並發展軍隊，到被招安進入朝廷的官僚系統，都是一連串的調整過程。

《呂氏春秋．察今》有言：「世易時移，變法宜矣。譬之若良醫，病萬變，藥亦萬變。」然而也有領導人物堅持己見，不隨情況變化而自我調整。西元一九〇四年，曾經擔任台灣總督的乃木希典大將被任命為第三軍的指揮官，指揮大軍攻打旅順。他剛登陸遼東半島的時候，就接到他的長子在金州陣亡的噩耗。明治天皇為了保存乃木家的香火，擬詔回乃木家的次子，然而乃木大將卻堅持其次子乃木保典留在戰場，結果亦在旅順二零三高地陣亡。旅順的俄軍強烈的頑抗，俄羅斯的機槍更是日軍的惡夢，乃木更是堅守自殺式攻擊的策略，讓日軍傷亡慘重，使得參謀本部不得不從日本本土要塞調來28釐米的大炮，調整了戰術，終於攻克了旅順。

刻舟求劍，食古不化，冥頑不靈，墨守成規，只會讓領導人陷入困境。有一位偏鄉小學校的校長，調到都會區的一所大學校後，由於環境有大幅的改變，也變得更加複雜。在都會區，人口眾多，知識水準較高，也是民意代表的兵家必爭之地。一個校長不能把在偏鄉的經營哲學，套在都會學校上。加以個人自視甚高，不聽規勸和調整，終究黯然退場。《孫子兵法．軍形篇》：「不可勝者，守也；可勝者，攻也。守則不足，攻則有餘。」攻守進退，視狀況調整。所以，當下屬力有未逮時，領導人必須做出調整。否則，當斷不斷，反受其亂。

## 15 通權達變

Intel 總部

　　領導者應該順應內外在時機和環境的變化，不斷地調整自己，提出有效的應變策略。我們的人際關係、團隊合作、生活和工作方式都不時在改變。以肆虐全球的病毒來說，它不僅改變了人們的人生觀與生活方式，也改變了人際關係和工作模式，並對世界的經濟造成重大的影響。所以做為一個領導者，必須善於權謀，通權達變，在快速變化的世界中，迅速有效地提出有效策略，解決問題。

《戰國策．齊策五》：「聖人從事，必藉於權而務興於時。夫權藉者，萬物之率也；而時勢者，百事之長也。故無權藉，倍時勢，而能事成者寡矣。」歷史上通權達變的例子為數不少，曹操可說是代表性的人物，曹操是「亂世之奸雄，治世之能臣。」善於權謀，無出其右。明朝末期，努爾哈赤和繼位的皇太極都向明朝發動進攻，均為袁崇煥所敗，於是改以反間計，使明思宗下詔逮捕袁崇煥入錦衣獄，在凌遲處死前留下遺言：「一生事業總成空，半世功名在夢中，死後不愁無將勇，忠魂依舊守遼東。」清人的權謀，加速了明朝的滅亡。

時至今日，科技進步，環境丕變，現代的人都必須懂得思考、靈活、創新、改變、適應，想辦法運用各式各樣的新工具，去解決所遇到的難題。領導人必須收集新的資訊，面對新的情勢，能在模糊不清、無法預測的狀況下做出決策。現代的科技可以讓我們的團隊變成虛擬，團隊成員可以不必處於同一間辦公室，也不在同一間辦公大樓，主要靠視訊來溝通。領導的模式也會發生改變，領導可以跨越時空，跨越地域的限制，不再單純依賴指揮來控制，反而影響力的領導，在現今的環境下，變得更加重要。

由於時空環境改變，現今的領導人都希望看到部屬以更主動創新的精神，自動追求改善效率的新策略，並掌握住新的機會。所以領導人要訓練部署懂得自主管理，找到創新的方法，來解決困難棘手的問題。和以往不同的是：在當今全球化的趨勢下，現代的領導人要以團隊合作的型態來指揮，透過有形或虛擬的網路和很多人合作處理跨國、跨域的問題。所以現在的領導形式應該隨時代而權變調整，而且具有：主動領導、創新領導、跨國跨域領導、甚至人工智慧所帶來的虛擬領導。

在新的時代，人的權變速度受到數位科技人工智慧的挑戰。機器人面對各種不同的情境，可以透過快速的大數據分析，分析利弊得失，迅速地提供領導者完整資料以有利於決策。電腦擊敗人腦，已經不是新聞。Google 開發的 AlphaGo 在圍棋比賽中，擊敗了南韓的九段天才李世乭，引起世人的關注。由於領導者與部屬都可以同時掌握相同的資訊，部屬的意見也可以立即反饋，可以提升決策的品質。

以人工智慧經濟學為例，有應用類神經網路，也就是一種基於腦與神經系統研究，所啟發的資訊處理技術去建立系統模型，並用於推估、預測、決策、和診斷。時代變了，領導人也要改變。領導人利用人工智慧科技，除了快速有效做出決策之外，尚且能夠以較低的代價，完成對屬下的工作進度的掌握，和對工作品質的監督。在疫情流行下，校長可以監督線上教學的狀況，也可以清楚判斷學生利用線上教學平台的效果，並充分利用大數據的分析以治理學校。

Google 總部

# 16 謙沖自牧

以色列巴伊蘭大學

領導人所做的決策，不只攸關工作的成敗，也會影響到部屬的觀感，和衆人的評價。對領導人來說，高處不勝寒，除了背負責任的壓力之外，更要贏得下屬的敬重。唐太宗李世民文治武功顯赫，但是他最受不了諫官魏徵，因為他犯顏直諫，還好唐太宗因為他耿直才不殺他。他流傳下來有名的《諫太宗十思疏》：「念高危，則思謙沖而自牧；懼滿溢，則思江海下百川。」所以在上位的人必須要謙虛而自我約束，害怕自滿驕傲，就該想到江海居下才能容納百川。領導人要居高而不自滿，謙虛而自我克制。

《列子．說符篇》：「墨子為守攻，公輸般服，而不肎以兵知。故善持勝者，以彊為弱。」公輸般是春秋戰國時代有名的工程師，可以製造很厲害的戰爭武器。墨子請他不要發動戰爭，並把它製作的武器都拿出來，墨子都可以防守而不失敗。最後公輸般輸了，公輸般就說，我還有一樣武器你絕對守不住，墨子說我知道，即使把我殺了，我的徒弟遍滿天下，世上還有千千萬萬個墨子。中國的幫派可以追溯到墨子，旗下每一派的領袖叫鉅子，現在我們稱工商界的領導人叫鉅子，就是從墨子發展過來的。墨子也是高明的軍事家，但是他不願意以軍事出名。

蘋果的創辦人賈伯斯、臉書的創辦人祖克柏、還有微軟的創辦人比爾蓋茲，這些身價不菲的高科技大老闆在公開場合也穿著T恤牛仔褲，但反觀我們的市井小民喜歡手提名牌包，穿奢華衣，開高貴車。我們看到一些有錢人非常低調，善於保持成功的果實，這就是「善持勝者，以強為弱。」

易經的謙卦有云：「謙謙君子，卑以自牧也。」謙卦的下卦為艮卦，代表山；上卦為坤，代表地。由於山代表崇高，反而在下，代表謙卑，功成而不居，富有而不自滿。謙卦的排序是繼大有卦而來，大有卦代表富有，恃富而驕則不仁，所以接下來的謙卦，在警告上位之人不可驕傲自大。

我在教育局長任內經常收到教師的投訴。現在的老師在校內開會，或與校長的對話，常會私下錄音，再把錄音內容向我投訴。讓我驚訝的是：平常我所認識的謙恭有禮、笑臉迎人的校長怎麼會是咄咄逼人的模樣？使我想起《白居易．放言》裏的「周公恐懼流言日，王莽謙恭未篡時，向使當初身便死，一生真偽復誰知。」校長在校內表現不可一世，對上又逢迎巴結，會讓校內老師所不齒。校長也是老師出身，和老師要有同理心，多聽教師意見，不要自視為管理階層而驕縱濫權，要虛懷若谷，謙沖自牧。

# 17 學然後知不足

以色列 Armonim School 學生

領導人若要虛心而不自滿，就要像《禮記．學記》所說：「學然後知不足，教然後知困。知不足，然後能自反也；知困，然後能自強也。」所以作為一個學校的領導人，要不斷地學，也要不斷地教，這就是所謂的教學相長。毛澤東說：「學習的敵人就是自己的滿足。」有些校長也不學，也不教，也不理會師生需求的三不政策，真是令人搖頭嘆息！

我們究竟要學什麼來增長我們的知識？在網路的時代，如何利用網路來取得我們所需要的知識，變得重要而常見。當前，知識會過剩，會太容易取得，因而其重要性會相對的降低。以前我很期盼自己能夠擁有一套《大英百科全書》，所費不貲。但是到了現在，書中的知識很容易可以被找到，反而是資訊的搜尋能力變得至關重要。科技進步已經把人類帶進了快速變化之中，知識經濟的型態已經產生。孔子認為知識是有代價的，《論語．述而》：「自行束脩以上，吾未嘗無誨焉。」科技的大幅進步與知識的大量累積，知識已經供過於求，這個代價越來越低了。

現在的知識有跨領域整合的趨勢，學科與學科之間的距離在縮小。德文中"wissenschaft"這個字指科學，自然科學和人文科學都是這個字，作為「學」來說，實際上沒有什麼不同。所以，科學要有人文的素養，人文要有科學的精神。由於訊息科技的進步，學科之間的交流更加的容易，造成知識的迅速累積和擴張，也產生了學科的創新。由於訊息越來越多，使人們對於訊息的免疫力越來越低，也不知道把訊息減少到可以利用的程度。換句話說，訊息的處理必須要去蕪存菁，足可堪用。領導人要多學，並時時刻刻的學習。諸葛亮《誡子書》：「非學無以廣才，非志無以成學。」此外，還要會過濾不實的訊息，並讓訊息為己所用。

中國歷史上的太平盛世，像文景之治，貞觀之治，還有清代的康雍乾三朝，由於生產方式沒有太大的改變，人們的生活基本上是簡單的重複，沒有大幅度的進步。然而到今天，在實體上，人類在地球上擴張的空間有限，就轉向太空宇宙，也從實體走向虛擬的世界，變化令人驚嘆。對於不可知的未來，我們也可以透過虛擬的方式來認識。舉例來說，一個學校要蓋新的校舍，為了要讓大家有更清楚的了解，建築師可以用虛擬的方式以影片呈現未來校舍的樣貌。吳雅芬校長更是在桃園國小建立了數位美術館，用虛擬實境的方式，可以欣賞收藏在數位美術館中的美術作品，栩栩如生。

領導人要學，領導人是老師也是學生。部屬不會的要教，自己不會的要學。除了知識要學，心態要學，經驗更要學。水不流會臭，刀不磨會銹，人不學會落後。學習不只是學知識，充實自己；學心態，謙沖自牧；且要學經驗，在失敗中學，是學失敗的經驗，在做中學，是在學實作的經驗，時時刻刻在生活中學，是在學成長的經驗。

## 18 慎思篤行

以色列小學生的走道學習

《禮記．中庸》：「博學之，審問之，慎思之，明辨之，篤行之。」當我們經由學習取得更多的知識和資訊之後，就要去質疑，去判斷其合理性，沒有問題再去做。慎思就是考慮其必要性、合理性、可行性、差異性和創新性。如果能夠滿足上述條件，就要努力的去做。所以，《論語．子張》：「博學而篤志，切問而近思。」如果能夠這樣，「雖愚必明，雖柔必強。」

新型冠狀病毒侵擾全世界，改變了人們的生活方式。學習也採用線上，畢業典禮也透過網路直播。高雄市鳳山區曹公國小的畢業典禮更是別出心裁，把迷你型的機器人當作學生，由老師發表感性的致詞。由於機器人沒有移動，像極了牌位一樣，老師的發言又充滿了感傷，在網路上引起了很多的評論。在新的時代，我們有了新知，有新的做法固然很好，但是在做之前，要思慮周全，也要考慮後果。如果畢業典禮中，能讓代替學生的機器人動起來，在開場時，如果能有音樂，機器人的學生可以表演舞蹈，也能說學生本人的話，又能夠跑來跑去，生動活潑，那麼局面就完全改觀了。

我們每個人都是一個主觀的個體，在成長的過程中，經由認知和學習，讓我們養成了對任何事物的欣賞和判斷能力。但是這個能力因為人與人成長環境的不同，因此判斷能力和欣賞觀感也會有所不同，所以人與人之間才會存在著分歧。春秋戰國時代，楊朱有一次到了宋國，投宿在一家旅館。旅館主人有兩妾，一人美，一人醜。可是主人比較喜歡醜的，楊朱覺得奇怪就問為什麼。主人就說：「其美者自美，吾不知其美也；其惡者自惡，吾不知其惡也。」後來楊朱就告訴他的弟子：「行賢而去，自賢之行，安往而不愛哉？」也就是說，不要去想別人怎麼看你，只要自己做好，不要管別人，不管到那裡，都會受到人家尊重。

我們也常常心直口快，做事不經大腦，也容易傷到別人。有一次，蘇軾到王安石家中拜訪，碰巧看到王安石新詩中的一句：「明月當空叫，黃犬落花心。」，他不免冷笑說：明月怎能叫？黃犬豈能落在花心？王安石當時在朝為相，蘇軾沒有顧慮到他的感受，後來蘇軾就被王安石貶到偏遠地區，他才發現人們將一種昆蟲稱為黃犬，將一種鳥稱做明月，他才大悟，後悔誤解了王安石。

桃園市有一所小學的校舍採取鋼彈造型，當初在校舍設計時，校長非常的堅持。校長認為

以色列小學生簡報

很有創新，又很有美感，也符合教育部的美感教育計畫。雖然「美」有很多的意涵，但是我們也要考慮在地性、文化性、創新性、色彩、比例、構圖等各種形式。所以領導人在思考問題的時候，由於影響的層面很廣，更是要小心審慎。校舍外觀是否美感固然重要，然而，校長思考的重點應該放在：1. 如何訓練老師不再依賴教科書，因為答案到處都可以找到。2. 如何訓練孩子，讓孩子感到更加的好奇，讓孩子如何去探索，而不是單單教孩子會考試。3. 如何去訓練師生，有辦法看穿現在，想到未來，通過全盤性的思考，能夠見樹也見林。這樣一來，才會是慎思的好校長。

# 19 謹言慎行

與以色列學生交換禮物

領導人要博學多聞，審慎思考，明辨是非，身體力行。在心態上要謙沖自牧，審時度勢，謹言慎行。《論語．為政》：「多聞闕疑，慎言其餘，則寡尤；多見闕殆，慎行其餘，則寡悔。言寡尤，行寡悔，祿在其中矣。」換句話說，要多聽，不要說沒把握的話，說話也要謹慎，就可以減少錯誤；多看，不要做沒把握的事，行動也要謹慎，就能減少後悔。少說錯話，少做出後悔的行動，就能當好官了。

古代中國從秦王嬴政開始，有所謂的「納粟拜爵」制度，賣官鬻爵一直流行到封建時代結束。清代一位識字不多的有錢人在四川，他花錢買了一個地方父母官的職位，有一天他在公文上批了七個字，寫得歪七扭八，他的師爺看了就說：「老爺子，你這字怎麼寫得錯誤百出，如此歪斜？」，他聽了大為光火，就說：「格老子！我七字不好，八字好啊！你七字好有何用？還不是給我當差使用！」。師爺的發言，說到了縣太爺的痛處，下屬在長官傷口上灑鹽，長官則以羞辱回敬。

有一次，我去參加一所小學的慶典活動，來了許多貴賓，包括：民意代表，家長會，獅子會，扶輪社等民間公益團體。那是一所大的學校，得到外面的資源很多，因此來的貴賓也不少。校長在致詞時，特別感謝某一位議員長期以來對學校的大力支持，並細數議員爭取建設的項目和金額。接下來就請這位議員致詞，就把其他的議員晾在一旁，不等活動結束，可以看得出來，有議員就憤而離席，邊走邊抱怨。校長發言沒有面面顧到，給自己增添麻煩，還要事後道歉。

說話也要機靈，並見機行事。《笑林廣記．龜渡》：有一士欲過河，苦無渡船。忽見有一大龜，士曰：「烏龜哥，煩你渡我過去，我吟詩謝你。」龜曰：「先吟後渡。」士曰：「莫被你哄，先吟兩句，渡後再吟兩句，何如？」龜曰：「使得。」士吟曰：「身穿九宮八卦，四海龍王也怕。」龜喜甚，即渡士過河。士續曰：「我是衣冠中人，不與烏龜答話。」先說對方的好話，等到完成目的之後，再說自己內心的話，這也是手段高明的策略運用。

《論語·里仁》：「古者言之不出，恥躬之不逮也。」，「君子欲訥於言，而敏於行。」換句話說，我們要不輕易說話，不要自己說到做不到，言談要簡單明瞭，行動要敏捷有力。有位校長喜歡侃侃而談，即使長官在場也無所顧忌，講的話又是乏善可陳，了無新意，在行動上也很難達成，浪費時間又無效率。所以當一個領導人，要謹言慎行，一言既出，駟馬難追，勇於承擔，一氣呵成。

# 20 以長擊短

大坑國小雙語閱讀

《列子．說符》：「慎爾言，將有和之；慎爾行，將有隨之。」一個領導人謹言慎行，就會有很多人附和他，也願意和他一起做事。做事情不難，但是要成功很難，要成功各種條件必須要具備。成功之後，還必須完美的守成。《史記．淮陰侯列傳》：「夫功者難成而易敗，時者難得而易失。」《孫臏兵法》：「天時、地利、人和，三者不得，雖勝有殃。」一個領導人，如何在有利的時空環境條件下，得到眾人的支持，和以有效率的方式，實現所期盼的目標和任務是一個重要的課題。

《史記．淮陰侯列傳》：「善用兵者，不以短擊長，而以長擊短。」蒙古西征，把蒙古的國界最遠拓展到波蘭。蒙古軍隊的長處，在於由騎兵作為主力，所形成的戰鬥機動性。軍隊由十戶、百戶、千戶和萬戶所組成。在戰場上，對於軍情有黑白令旗的組合，命令能夠上傳下達。反觀歐洲在封建制度下，軍隊成為莊園領主和貴族私人的武力。為了保存實力，在觀戰之後，撤離戰場的情形並不罕見。加以歐洲聯軍組成複雜，有來自波蘭、日耳曼條頓騎士團、日耳曼傭兵、摩拉維亞等地，語言不同，整合有困難，溝通亦不易。此役在波蘭接近日耳曼的Legnica，由成吉思汗的孫子拔都獲得大勝，以歐洲聯軍主帥西西里亞公爵亨利二世的陣亡告終。若不是窩闊台汗去世，拔都回師參加庫里爾台的選汗大會，否則歐洲的危機就不能解除。

領導人也要把自己的短處，改善作為自己的長處。戰國以來，匈奴一直是中國北方的大患。趙武靈王要求趙國要學胡服騎射，秦始皇派蒙恬北伐匈奴，漢高祖劉邦更被匈奴冒頓單于圍困在白登山，幸經陳平賄賂冒頓單于夫人閼氏，方得脫險。一直到漢武帝時，經過休養生息，漢軍也從過去以車兵和步兵為主力，改變成加強騎兵的養成，衛青和霍去病才能指揮機動性高的騎兵，深入河西和漠北大敗匈奴。

《漢書．爰盎晁錯傳》：「今匈奴地形技藝與中國異。上下山阪，出入溪澗，中國之馬弗與也；險道傾仄，且馳且射，中國之騎弗與也；風雨罷勞，飢渴不困，中國之人弗與也：此匈奴之長技也。」

為了改變這種劣勢，並記取教訓，漢代前期就把發展騎兵作為重要任務。漢武帝時，培養了大量的戰馬和騎兵的戰力，從而使漢軍能夠以機動出擊，可以遠程奔襲，能夠實施迂迴、包抄、分割、圍殲，贏得戰場上的主動地位，使得漢朝與匈奴之間的戰事，產生了有利於漢軍的變化。

以教育現場來說，偏鄉小校面臨學生流失的窘境，要改變這個劣勢，校長就必須要把劣勢轉成優勢。由於小校學生人數少，更容易在提升學生學習力上努力。所以小的學校適合精緻教學，適合發展雙語和智慧教學，也適合發展資優班，以吸引學生前往就讀，避免學生流失的困境。除此之外，小的學校也更容易發展創新，阻力也會較少，也比較容易顯現特色。所以作為一校之長，要清楚的了解自己的劣勢，創造自己的優勢，並用自己的優勢去爭取認同。

# 21 路徑依賴

參訪以色列小學上課

要把自己的缺點改變成自己的優點，讓自己的優勢，能夠在行動的過程中表現無遺，需要一連串的調整過程。然而，人們的決策行為，常常受到第一印象及首先取得之資訊的影響，這個情況就叫做定錨（anchoring）。因此，定錨效應的起始點，也就是說下錨點，很容易變成一連串行為決策的參考點。至於決策行為如何調整和演化，諾貝爾經濟學得主Douglas C. North 更發揚光大路徑依賴（path dependence）的概念，用在制度變遷的解釋上。一旦人們做了某種選擇，就會伴隨一種慣性，發展的方向一旦進入某種路徑，就會產生路徑依賴。

一八七三年，Remington 公司推出了QWERTY 鍵盤的打字機，把常用的字母分開，第一排的字母裡，也暗藏了打字機（type writer）這個字。後來 Dvorak 推出了另一種鍵盤，可以提升打字的速度，可是市場並不領情。即使到後來的電腦發明，QWERTY 系統的鍵盤仍然沿用至今。沿襲更久的是歐美國家鐵軌的寬度，因為古羅馬的戰車是由兩匹馬來拉動，其寬度為4英呎8.5吋，後來英國電車的軌道寬度，也是這個數字，英國工程師再把這個寬度，拿去建美國的鐵路。

路徑依賴告訴我們：人們已經習慣了某種工作狀態和職業環境，並且產生了某種依賴性。人們過去做出的選擇，決定了他們現在及未來可能的決策模式。如果重新做出新的選擇，會喪失許多既得利益，而造成趑趄不前。所以我們常常可以看到在制度改革時，由於涉及許多既得利益者，改革的幅度就不能夠太大，而且改革通常不能一步到位。

有些校長在到任之後，一開始就把學校的特色，做狹隘的定位。我看到有學校成為恐龍學校，茶葉學校，風車學校，布馬學校，觀星學校等，形形色色，五花八門。校長有了這樣子的定位之後，就形成了路徑依賴。接著下來校園就出現了很多恐龍。試問：為了瞭解恐龍，有需要把學校投入那麼多的資源，在校園裡面呈現那麼多的恐龍嗎？學生只要上網就可以得到許多有關恐龍的知識，別的學校的學生對恐龍的了解，遠比恐龍學校的學生還多，這不是浪費資源嗎？我在恐龍學校抽問小朋友這是什麼龍？小朋友答不出來，我就說：這是天龍，你們在天龍國。目前好的學校有哪一所是恐龍學校？

路徑依賴也顯示了因果關係。《列子・說符》：「形枉則影曲，形直則影正。然則枉直隨形而不在影，屈申任物而不在我，此之謂持後而處先。」列子向壺丘子林學習處世之道。壺丘子林說：「你如果懂得怎樣保持落後，就可以知道如何保住自身了。從看你的影子，就知道了。」列子就會回頭去看他的影子。身體彎曲，影子便彎曲；身體正直，影子便正直。所以變化的根源在自己和外在的環境。恐龍學校的校長想要有特色，把學校變成恐龍學校，追根究底，來自於教育局鼓勵學校發展特色，但問題的重點在於特色不能太過狹隘，要有適當的定位，否則路徑依賴會限制學校的發展。

# 22 創新之路

Intel 總部

Robin Williams主演的電影「春風化雨」（Dead Poets Society），描述了一位與衆不同的老師，到一所管教嚴格的貴族學校任教。他用反傳統的方法教導學生，並且要以不同的角度來進行多元性的思考。為了讓學生體會，他甚至要學生站到桌上去，讓學生親身體會從高的角度看，並問他們與平常所見的有何不同？日子久了，學生也逐漸體會到多元而自主性的思考。然而老師開放的教學方式，逐漸無法見容於保守的學校，結果被迫離開教職。在離去的那一天，他的學生一個個自主性地站上桌子含淚目送老師離去。

「橫看成嶺側成峰，遠近高低各不同。」從蘇軾的《題西林壁》中看到同樣一座廬山，觀賞角度不同，就有不同的體會之處；因此，我們的看法不同，我們領略的角度不同，處理方式也不一樣，得到結果自然就有差異。創新思維的起步並不困難，就是要反向思考，從改變僵固的習慣做起。我們談路徑依賴時，一開始那個定錨點非常重要。我們要改革，就是要反向思考，改變定錨點。

桃園市大力推動「智慧學校，數位學堂」，智慧學校如雨後春筍紛紛成立。

大多數的智慧學校都在教學方面，結合了數位科技，提升了學生的學習力。但是接著下來，智慧學校如何後續發展便值得深思。把數位科技作為起始點，走入校園之後，接下來的路徑發展，我們就預期可以看到智慧教學、智慧管理和智慧服務。因此每個學校的作法都大同小異，只是期程不同罷了。

我們要走的路，是一條創新之路，是一條有差異化，有特色的道路。事實上數位化是一種手段也是一種工具，然而主體還是在於人。我們要用數位化去改變人們的思想，去改變人們的作為。我們學校在推動數位化之後，不只是看校長、老師、和學生的學習力是否提升，還要看大家的邏輯能力是否變好？會不會讓生活更加智慧化？會不會去主宰智慧科技？會不會更有效率的去充實自己和管理自己？所以智慧學校的定錨點，是人，不是智慧科技，智慧科技只是一種手段和工具。所以人的觀念和思想沒有改變，智慧學校的計畫就不算成功。

創新之路要從人的思想和觀念改變起，改變現在，才有可能改變未來。人的思想和觀念最難改變，只有顛覆傳統，打破墨守成規才有可能。如果我是智慧學校的校長，我會應用大數據的分析，了解老師、學生和家長的特徵，去和他們溝通，去關心和協助他們。我會用我得到的資訊，去解決他們的問題，去感化中輟生回到校園，讓老師更願意提升教學，讓家長更支持學校，讓學生更樂意學習，更有自信，並由學生引導老師改善教學和充實老師的知識。我也會讓學生利用智慧科技，自己管理好自己，自己安排自己的學習。所以創新之路，在智慧化的時代，是以人為體，智慧科技為用，藉著智慧科技產生更多的創新。

# 23 創新不難

以色列小學生的發明

西元一二〇二年，鐵木真在闊亦田之戰擊敗和他爭雄的札木合之後，來到了斡難河畔。河畔有一棵大樹，大樹上繫著一個複雜而難以解開，也看不到繩頭的繩結。

根據蒙古人的傳說，誰能解開這個繩結，誰就能成為蒙古之王。每年，在蒙古都會有很多人企圖來解這個結，但都未能成功。鐵木真仔細觀察了這個繩結，他想了一下，就拔出劍來，將繩結劈成兩半。鐵木真用反向思考，弄斷繩子，以創新的方式解開了繩結，後來就成為名聞世界的成吉思汗。

創新不難，創新是另類思考，努力去改變而已。《易經．繫辭下》：「易窮則變，變則通，通則久。是以自天佑之，吉無不利。」通常面對改變時有三種人：當領導者的人，通常會領導人們跟著改變，永遠站在變的前頭；其次的人是應變，你變我也變，跟著變；最後則是人家變了以後，還站在原地不動，抗拒改變。所以時代進步了，這種人就原地踏步。宇宙萬物都會改變，自己更要知道如何來適應改變。所以創新不難，難的是不容易改變的心。

創新有時候是意外的發現，有時候是為了解決當前的問題，而提出更新、更好的解決方案，有時候則是創造現在或未來的市場需求。西元一九二八年，Alexander Fleming 在倫敦大學做細菌的研究，在實驗室培養大量的金黃色葡萄球菌，實驗的培養皿忘記加蓋就去渡假，等到渡假回來，發現培養皿角落長了一塊青黴菌，並抑制細菌的滋長。於是盤尼西林就被提煉出來，這一個意外的發現，也讓他在一九四五年獲得了諾貝爾醫學獎。

為了要解決問題而提出的創新，首先要從需求出發，找到問題才能夠解決問題。在解決問題的過程中，為了要滿足他人的需求，必須要站在他們的立場來思考問題。史丹佛大學設計學院有一門課叫做「極端可負擔性設計」（Design for Extreme Affordability），由學生組成團隊，到開發中國家進行田野調查，並設計一些專案解決當地的問題。這種做法，兼顧了開發中國家資源缺乏的狀況，並將現有的技術轉變成更便宜、更可負擔的應用，並獲得了極大的成功。

桃園市有許多學校已經建置了創客教室，為開創「設計思考」（design thinking）的課程，提供了許多優越的條件。這應該是一個跨學科整合的新課程，訓練學生從生活中觀察細微，去尋找問題和發現問題，提出創新性的想法，跳脫傳統性的思考，並付諸行動、製作原型，經過一連串的試誤過程，得到最好的解決方案，並創造新事物。設計思考也可以強化對人文的關懷，因為設計的最終目的，就是以創新的方法去解決人們的需求問題。總而言之，創新不難，只要觀察入微發現問題，另類思考去解決人們的需求問題，很多創新的案例都是這樣產生出來的。

# 24 創新的迷思

壽山高中創新設計展

創新對人類社會在技術、思想、觀念、生活及制度都造成莫大的的影響。有人因為創新而受益，也有人因創新而受害。我們看到電子商務的興起，同時我們也看到了傳統小規模零售業者的沒落。任何的改變，都會造成有得有失。受益者和受害者之間，存在著一道鴻溝，而且在深化。

然而我們都深信：人類社會要不斷地進步，落後者和受害者只有做出改變，做出調整才能夠配合時代的發展。

我們研究美國常春藤名校的學生中，來自所得金字塔頂端1%家庭的學生人數總和，要比後面50%的還要多。哈佛大學Michael Sandel教授指出：社會的不平等和衡量價值的功績制度，是造成鴻溝的深化的主要原因。目前的功績制度認為：在每一個人機會的平等之上，成功者就會獲得獎賞。因此，失敗者只能歸責於自己。殊不知富裕家庭的父母可以把優勢傳給孩子，而無數貧困家庭的孩子長大之後依然貧困。現在我們的功績制度，會導致成功者驕傲，而讓失敗者蒙羞。它會鼓勵成功者去相信他們成功的事實，而忘記他們所掌握的時機和好運，也會使基層的勞動者感到受到被菁英的鄙視。

Matin Luther King 這位偉大的人權鬥士，在被刺殺前不久，針對在田納西州 Memphis 的清潔工人罷工事件，發表了看法：「清垃圾的人和醫生同等重要，如果沒有他們，疾病將蔓延。」然而，在當今全球疫情流行的時候，外送員、司機、維修工人、居家照護員等，這些人屬於薪資不高又不是光榮的工作，但是我們現在多麼要依賴他們！創新雖然創造了人類社會的價值，在當前財產權的制度下，創新者可以得到獎賞的回報，但我們也不要忘記工作的尊嚴，也不要忘記創新所帶來不平等鴻溝的深化。

對教育來說，創新的科技可以改善學生的學習，但是也不能掩蓋學生家庭狀況的現實。家境好的學生較有機會，也較有能力去享受創新所帶來的好處。在全球疫情肆虐下，很多的教育必須經由線上教學來完成，弱勢家庭的學生往往成了受害者。所以，如何在創新的過程中，讓弱勢的學生得到更多的資源和更好的學習機會，每個學校都必須要擺脫傳統的思維，以創新的思考，用高度個人化的教育，去給弱勢學生們形成星羅棋布的教育點，去縮小這個不平等的差距。

創新帶來改變，改變了我們的教育，改善了我們的生活，提升了我們的福利。但是創新在目前以獎勵為基礎的功績制度中，強調成功來自於自身的條件和努力。這樣一來，我們就很難去了解別人沒有的幸運和所處的困境。《論語・季氏》：「不患寡而患不均，不患貧而患不安。蓋均無貧，和無寡，安無傾。」所以我們要降低創新所帶來的不均，也要消除創新所帶來的不安。我們也要讓弱勢的學生有能力去擁有創新的科技，有更多的資源去翻轉他們的命運。

# 25 教育創新

建國國中自造教育及科技中心

教育創新就是把新的科技、思想、觀念和行動，注入到教育體系之中。曾任北京大學校長的蔡元培說：「教育者，非爲已往，非爲現在，而專爲將來。」所以從這個觀點看，教育創新也就是在為將來的學生而做準備。把創新用在教育上，美國麻省理工學院的媒體實驗室（media lab）和史丹佛大學的設計學校（d. school）都具有代表性。麻省理工學院的媒體實驗室以計畫為導向，學生從做研究計畫中得到學習；史丹佛大學的設計學校強調實作，學生從做中得到學習。

教育創新需要教育體制的調整和改變來配合。由於學習不一定受到時空環境的限制，因此，打破傳統教育框架的模式就會出現。所以在國民義務教育階段，不在學校學習，或以不按表操課的方式在學校學習，都需要相關教育法規的調整。在高等教育階段，教育創新所帶來的變革還要更大。從入學制度到學位取得，在台灣也經歷了一系列的變革。

哈佛大學教授 Clayton M. Christenson 是破壞式創新 (disruptive innovation) 理論的提出者，他認為數位科技可以打破標準化、一言堂式的傳統教學方法，可以為學生量身打造，以個別學習為主體的方式，成為一種對教育的創新驅動力。傳統的教學模式要看老師講課的本事，老師很難有多餘的時間和心力，去照顧到每個學生，並幫忙他們解決問題。但是到了現在，我們科技進步了，如果可以把課程內容商品化，可以找到最優秀的老師來上課，讓課程變成有價值的商品，也可以讓更多的學生在不同的地方，同步或非同步上課。

桃園市為了推動「智慧學校、數位學堂」計畫，特別成立了智慧教育聯隊，由受過智慧教學的菁英校長組成。這是一支推動智慧教育的特種部隊（heavy weight team），由他們去帶動更多的學校和老師加入智慧教學的陣容。智慧教育聯隊也會定期集訓，請業界或學界的講師來講授，也有安排國內外參訪的行程，以吸收新知並改善教學方法。

智慧教育聯隊的推動，促成了桃園市翻轉教育一連串的進程。在進行的過程之中，軟硬體的設備也都大幅改善，教師也進行了專業化的數位教學訓練，創客（maker）的課程也增加了。經由智慧聯隊的訓練，智慧學校的校長們都具有前瞻性的眼光，熟悉數位化的教學，在課程改革中可以扮演重要的推手。拜數位科技之賜，只要行動載具加裝耳機，學生可以在同一個教室，透過線上學習不同的課程，因材施教更容易實現。一方面為了確保教學品質，課程可以商品化。可以設計讓學生來選擇老師授課，也會給老師帶來提升教學的壓力。為了保障授課教師的權益，選課的人數上限依教育部的規定，若需求過高，則依電腦隨選的方式來決定。為了滿足學生的需要，另外可為學生加開一堂諮詢課程以解惑。

教育的創新，就是要讓每一個人有機會接受到更好的教育。教師不再是知識的傳播者，而是問題的解惑者和解決者。教學的模式不再是單向的，而是雙向有回饋的。學生變成主體，變成主角，老師是配角，老師是協助學生學習的助教。老師必須了解每一位學生的需求，在滿足學生的需求情況之下，提供最好的服務。所以教育創新要能夠成功，傳統的教育模式需要翻轉，老師要自我成長，與時俱進，學生要能掌握科技工具自主學習，並了解學習需求，校長要創新領導，家長要關心配合，才能畢其功於一役。

# 26 星羅雲布

熱血教師遠距創新教學

《後漢書．班彪列傳上》：「罘罔連紘，籠山絡野，列卒周匝，星羅雲布。」皇帝外出狩獵時，山野上設置連結的捕鳥獸的網子，士卒眾多，宛如天上的雲朵和群星。現在許多的學校，都利用進步的數位化科技，投入在教學上，展現了有別於傳統教學的創新特色，增加了許多亮點，宛如天上的星星。數位化也縮短了時空的距離，也串接了許多學習點，可以把一些亮點學校或個人，串接成閃亮的星座或星雲，教育雲的平台，也因而誕生。

數位化促成了個人化教育科技的提升。現在的個人化教育科技，可以利用大數據的資料分析和機器學習（Machine Learning），向最優秀的老師學如何因材施教，如何引出學生的學習興趣，如何以最有效的方法，讓學生了解學習的內容和如何對學生學習的成果做出適當的評量。在這種情況下，學生就可以隨時隨地依照自己的方式和速度去自主學習，這種經由智慧科技所產生的教師功能，將成為授課老師的強力助教，可以讓老師更專注在智慧機器所做不到的事情，諸如協助學生建構團隊合作能力、強化學生的溝通能力、思考與創作能力，並提升學生的道德與品格等等，讓每一個學生發揮他的最大潛能，並在道德與品格操守上能夠被肯定。

「個人化學習」經由數位科技的協助，可以在教育經費短絀、資源欠缺的偏遠地區，指導學生依照自己的興趣和偏好，擬定個人學習的內容和進度。而學校方面提供的則是軟硬體設備和師資人力。偏鄉學校由於學生數目少，進入智慧教學的門檻較低，個人化的教育學習更加容易。個人化的學習可以彌補傳統學校中，難以滿足的多元需求，尤其是現在的學校中有許多新住民，可能需要加強母語的教學，有些可能有閱讀障礙，也有人程度遠超過同年的孩童，如果每個學生有一台行動載具，就可以按照自己進度和需要，在網路上進行為自己的「客製化」（customized）課程。

新時代的教學，要利用先進的科技，讓每一位孩子有動力學習，並讓他們發光發亮。我們要讓這些發光發亮的星星，組成一座又一座的星雲。上課區分小組，以擅長和興趣作為他們學習的驅動力。比方說公民道德擅長的組成天平座，英文能力擅長的組成英仙座，有志向遠大的組成獅子座，音樂擅長的組成天琴座，依此類推。星座內的各個小星星爭奇發亮，各有亮點，也要得到老師和家長的協助。

Microsoft 教育簡報

學校老師要去發現學生的亮點和潛力，進一步媒合和組成個別有特色的星座，並找出星座內最閃亮和最具代表性的星星，去引導群體的發展。學校的校長，則是要將不同的星座彙集成星雲，並強化其特色。以智慧學校為例，學生都裝備了進步的教學工具，智慧老師根據數據資料組成高度個人化的學習群，並協助他們的學習。校長的任務在發掘優秀的老師，開發新的為學生量身打造的課程產品，並且建置一個星雲平台，進行跨域和跨校的合作，連結各校的星雲，以達成星羅雲布，讓教學成本降低，教學品質提高，讓學校成為高度個人化的教育與星羅雲布的教學新亮點。

# 27 布建

史丹佛大學設計學院的車子

公元十二世紀的蒙古，部落之間兼併征伐不斷，也受到南邊金國的欺凌。成吉思汗的先祖俺巴孩汗，被金熙宗釘死在木驢上，也結下了血海深仇。西元一二〇六年成吉思汗稱汗之後，一直到拔都於西元一二四一年在波蘭擊敗歐洲聯軍，蒙古的版圖橫跨歐亞大陸，前後只有三十五年。蒙古人能夠快速成功，主要的就是仰賴蒙古鐵騎。蒙古鐵騎讓歐洲人非常的害怕，他們就稱之為黃禍。

早期蒙古人的冶金技術不發達，因此冷兵器的殺傷力不強。後來由於部落的爭戰，需要殺傷力強的武器，才由南方的中原等地，輸入較好的冶金技術。此外，蒙古人的盔甲，也由保護力較差的皮革，逐漸轉換為金屬鐵片的盔甲。加以蒙古的戰馬比較耐勞，武器裝備的改善，讓蒙古的戰力大為提升。然而，真正能夠讓蒙古作戰成功的就是蒙古的戰術。

蒙古的騎兵戰術，在南宋的《黑韃事略》中有詳細的描述。首先登高觀察，抵近視探，再以輕騎兵佯攻衝鋒，如果敵軍潰散，佯攻轉為實攻；如果敵軍嚴整，再佯攻衝鋒，並爭取時間合圍；如果敵陣依然森嚴，就下馬步射，若遭遇對方騎兵，後方的馬隊會上來迎擊。若敵陣依然堅固，則驅趕牲畜，圍繞恐嚇，攻心為上，再無效，則佯裝敗退，將敵軍誘入合圍之地。

星羅雲布，高度個人化的教育，是數位化教育改革的目標。回顧整個桃園智慧化的教育歷程，首先站在制高點觀察，評估在那些學校可以突破，考量的因素是：歷史悠久，因少子化而減班，需要改變以回復昔日的光輝，以及經過改造後，可以成為他校示範者。桃園國小合乎上述條件，自然而然成了首選。就桃園國小觀察，校長領導堅強行政團隊，惟因老校的關係，師資結構年齡層偏高。儘管如此，先以輕騎兵佯攻衝鋒，先在少量的教室建置數位教學，一開始老師的意願沒有很高，傳統的教學陣容依然完整，在此期間，輕騎兵下馬步射，再鎖定積極有意願的老師，爭取更多的突破。讓已經接受智慧教學訓練的老師，在他們班上優先設置智慧化的教學設備，以引起其他班級家長的注意，達成攻心為上的目的。這樣一來，守舊傳統的老師就會遭遇到非常大的壓力，就有動能做出改變。

在智慧教學的設備方面，也經歷了一連串的提升。先是互動式的電子白板，升級到觸控式的螢幕，行動載具也有手提式和平板電腦，也有穿戴式的載具，讓虛擬實境（VR）、擴增實境（AR）及混合實境（MR）在教學上變得更加生動活潑。除此之外，機器人、無人機也加入了教學的陣容，帶動了程式語言的學習。機器人可以是老師，也可以是助教，也可以是學生，機器人成為學生們喜愛的學伴。這種佈局只是智慧教學的第一步，由桃園國小出發，這股智慧教學的風氣吹向了大有國中，並擴散到了青溪國小和南崁國小。二〇一九年，國際智慧城市論壇（ICF）對全球智慧城市的評選主題是無限學習，因此，我們提前一年在義興國小打造了世界一流的智慧教育，終於讓桃園拿到了世界第一的榮譽。

智慧教室現在已經成為桃園各個學校努力要爭取的目標，現在才要的學校都是後知後覺。為了要推廣智慧教育，桃園成立了智慧教育聯隊，其基本的精神就是：「莫學蜘蛛各結網，要學蜜蜂共釀蜜。」也就是：一家智謀短，眾家計謀長。要集眾人智慧齊心協力，再造桃園的智慧教育。誠如《呂氏春秋》所言：「萬人操弓，共射一招，招無不中。」近年來，智慧教室和創客相結合，對教育產生了更豐富的變化，使得做中學更容易實現。為了持續的創新，吸收新的科技新知，借鑒國外的經驗和做法有其必要。將來新的教學輔具，會以更多元的形式出現。在教育上，破壞式的創新將會影響到未來教育的發展。

# 28 智慧教學三段擊

大竹國小兒童樂團

公元十四世紀，朱元璋的養子沐英受命到雲南平亂時，針對敵軍使用大象攻擊，採用火繩槍的三段擊。到了十六世紀的日本戰國時代，織田信長也是用三段擊對付武田勝賴的騎兵，並贏得勝利。這些都是有感於火藥裝填速度太慢，而改進的一種戰術射擊方式。作法是由三人為一個小組，先由最前面的火槍手射擊，然後退至隊伍後方裝填彈藥，再由第二名士兵上前射擊。三人交替裝彈、射擊，使原本射擊一次大約一分鐘的火繩槍效率，大幅提升，也增加了殺傷力。

以織田信長的軍隊來說，火槍的有效射程大約一百五十公尺，一分鐘只能射擊兩次，而騎兵的速度每秒鐘至少十公尺，而在當年，距離一百五十公尺時，火槍的命中率是非常低的。所以在騎兵抵達有效射程時，三段火力皆備，第一波開火之後，在十五秒鐘之內，至少有兩波火力的支援，才能夠抵擋騎兵的攻擊。這種交互射擊的方法，在歐洲及美國南北戰爭的戰場上，也常可看到。

如果我們把三段擊的概念用在智慧教學，第一擊先由老師提出問題，學生將答案上傳，螢幕上就會呈現正確與否，答錯的學生就像沒打中目標的士兵，退到後線去裝填子彈，也就是讓答錯的學生去找答案。第二擊就是老師再度提

出問題，由原來答對的學生來回答問題，如果答錯的話，再退到後線去。第三擊是由最初答錯的學生，來回答老師的問題。三段擊之後，錯的問題，變成學生的家庭作業，答對的學生就沒有這個負擔，以作為其獎勵的誘因。

除了個人化的三段擊之外，也可以應用到團體。現在的小學，每班大約學生三十人，可以區分為三組。也可以進行組間的比賽，看哪一組火力比較精準。沒有答對的，就給他們時間去思考和找答案，這一段時間就是間隔火力的時間。至於問題的提出，可以是老師，可以是學生，也可以是機器人或電腦。因為機器人和電腦可以儲存題庫，只要有指令，就可以由機器人或電腦隨選。如果是由學生提問題，先由老師來判定問題的合理性和適宜性。

現在桃園市的智慧聯隊學校，都有很好的數位教學工具，更可以利用這些工具，來進行跨校的聯盟和整合。目前 5G 時代已經到來，資訊的傳播速度更為快速。不只是跨校學習，也可以跨校展演，而沒有延遲。將來我們很容易可以看見昭君出塞的演出：第一擊是大竹國小的兒童樂團，第二擊是青溪國小的鼓號樂隊，第三擊是義興國小的管弦樂團，同步在線上演出。

# 29 科技帝國主義

蚵間國小祖孫遠距共學

科技進步提升了人類的生活，其影響遍及各個領域。以生活層面來說，科技進步讓人們享受便利，提升滿足感，也改變了人與人間的溝通方式。以教育層面來說，科技改變了教學的型態，提升了學習的效率，促進了知識的增長。由於科技不斷的進步，其影響的範圍也越趨擴大，這個情況好比強權的大國，基於其優勢，藉由各種方法和手段，去影響其他國家的行為。因此，我們把科技入侵到人類生活的各個層面所造成的現象，稱之為科技的帝國主義（technological imperialism）。

科技進步融入了人類生活，產生了翻天覆地的變化。我們看到在餐廳，客人用餐之前等待的時候，用3D擴增實境的投影，讓客人知道今天享用的美味佳餚。它也衝擊了原有的教育方式、教育內容，甚至連教育體制也難以倖免。由於傳統的教育官僚體制力量仍然十分強大，科技進步的刺激，需要長時期的累積，才能改變傳統的教育理念、教育模式和教育制度，在這種情況下，我們就可以把它看成漸進式的帝國主義（progressive imperialism）。

教育科技的進步，在教學方面產生了很大的變化：學生變成教學的核心，教學不受時間和空間的限制。優秀的老師可以當直播主，也可以當網紅老師，所以同步和非同步可以教很多學生。在這種情況下，很多補習班的名師，在將來都可以成立個人工作室。資優的學生則因教育科技的進步，更可以自主學習，擴大與弱勢學生的知識距離。由此可見，科技入侵教學領域，不只在教學方法和教學工具上，甚至連思想觀念都有很深的影響。

科技在教育領域上殖民，就像過去西方的船堅炮利來叩關一樣，這是一股新的潮流很難抵擋。所以每個學校受到衝擊之後，都必須變法圖強以為因應。桃園市的智慧聯隊學校，是快速能夠適應和改變的學校，如果能夠賦予這些學校有更大的彈性，並給予支持，相信會在教育上做出更大的突破和貢獻。科技教學在智慧聯隊學校內已經非常成熟，不僅如此，許多學校都有創客的設備，更可以利用假日和課餘之暇，多和社區結合，進行創客的活動。

科技的帝國主義，產生了在科技教育的外部性。由於疫情的蔓延，教育主要透過線上教學的方式來完成。桃園市的蚵間國小地處偏遠的濱海，隔代教養非常嚴重。線上教學促成了祖孫共學，加深了祖孫的情感。條件較好的智慧聯隊學校，可以經由設計，規劃線上共學課程，組織社群媒體，可以跨班、跨級、和跨校提供討論平台。以文欣國小和大竹國小為例，兩校可以協商一個共同時間，共同開設課業諮詢課程，提供兩校學生選修。然後再將修課學生依學習力分組，學生可以在線上交換學習心得，提出問題研究，無法解決的問題再由兩校老師在線上提供諮詢服務。所以數位科技在教學上讓學生及老師的接觸面更寬了，能夠接觸更多的學生和老師，在人際關係上，也有更多的互動機會。所以智慧聯隊的學校，不能只在自己學校內變把戲，還要向外輸出科技教學和校際間互動，創造外部性。在新的時代，校長要有新的思維，才能夠進行科技領導。

# 30 量身打造

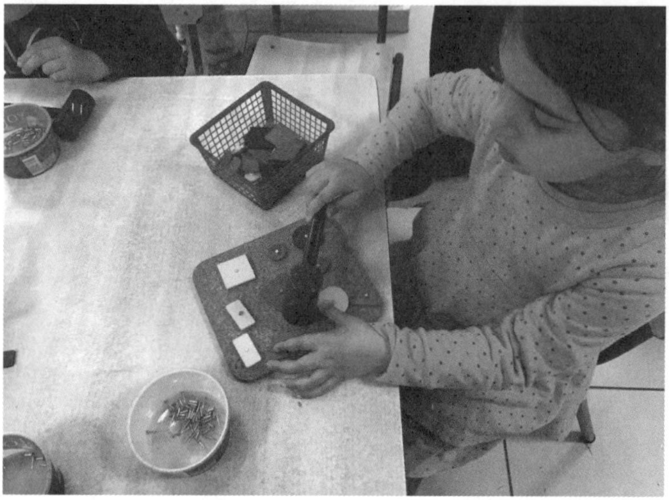

以色列幼兒園的勞作課

科技進步讓教育朝向高科技化。我們的老師、學生和教育體制，如何能夠跟得上科技進步的腳步，做出調整，是值得關切的課題。融入到教育的科技，會朝向更人性化、效率化和友善化的方式來演化。由於每個人的學習程度及理解能力各有不同，利用新科技，打造高度個人化的教育，便可以解決這個問題。

對每一個人來說，學習方法和學習經驗應該各有不同，但是傳統的教育制度，並不允許對個人量身打造，而且還有許多限制。目前雖然教育制度有稍加放寬，容許一些彈性，但仍然停留在一些少數特許的階段。目前有賴於科技的進步，我們可以開始啟動為個人量身打造的教學和學習的方法，並累積量身打造的學習經驗，為我們進一步的教育改革，奠定了基礎。

有了現代化的學習工具、行動載具和各種介面，我們就可以啟動依照個人需要、個人偏好及技術的可用性的學習。這種新的以需要為基礎的學習，和傳統在教室裡面同一教材、同一講授、同一學習進度的學習方式大相逕庭。這種為個人量身打造的學習模式，最適合在學生人數少的小學校，也可以打破年級的限制，展現學校的利基和特色。同時，為個人量身打造的學習經驗，也可以進入大數據資料庫，為個人的學習歷程，提供了更明確的資訊。

由於不管任何時間和任何地點，我們所需要的資訊都可以從遙遠的雲端，用各種載具來取得，所以經過雲端運算（cloud computing），學生和老師可以跨校共讀、共同做作業，和跨校共同合作。目前由於教師團體的舊思維，反對能力分班，造成表面上的公平，孔子的因材施教也無法達成。在這種情況之下，只有借助科技的力量，在既有的制度上，不予分班，而能達成量身打造、因材施教及適性揚才的目的。

量身打造的個人化教育要能夠成功，首先校長和老師的觀念要改變。校長是從教師中，選拔出來的行政人才，有較多的培訓機會，接受的挑戰也相對較大，所以視野會比一般老師來得高。一般的老師總是追求穩定，不喜歡改變，因為改變會增加他們的成本。只有少數的老師願意付出努力，改變自己，以因應時代的變化。桃園市在建置智慧教室之初，絕大多數的老師不願意在自己的班級做出改變，等到他們了解這股新的時代潮流，他們就處在相對落後的地位了。

量身打造的個人化教育中，也要有創客的課程，因為創客的課程可以激發個人豐富的想像力。如果能夠跨校聯合，效果會更好。《淮南子‧主術訓》：「夫乘眾人之智，則無不任也；用眾人之力，則無不勝也。」如果快樂國小和大坑國小共同開設線上的創客課程，兩校的師生共同討論，共同發揮創意，所謂三個臭皮匠勝過一個諸葛亮，再經由3D列印，將成果產出，就可以聯合辦成果展，也可以為跨校合作奠定了堅實的基礎。所以量身打造的個人化教育，不能僅限於個人，它可以透過雲端運算，進行跨校的學習、諮詢和合作，以個別做基礎，達成合作共榮的群體效果。因此，我們不能以個人化來限制群體合作的思考。

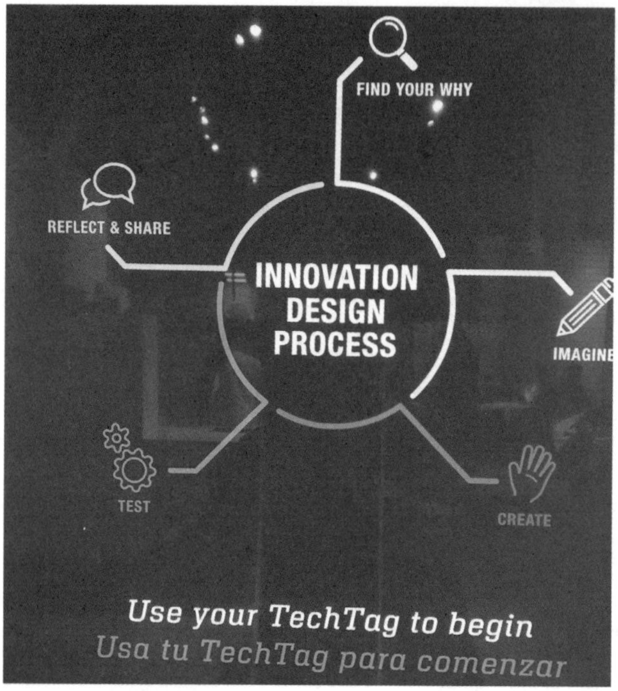


創新設計過程

在智慧教育時代，高科技數位工具的採用，產生了大量的資料和訊息，因此，以學習資料為基礎做分析的學習解析學，就變得益發重要。由於學習資料量越來越大，累積越來越多，有助於教育行政者在決策過程中，有更多的訊息和資料可以做參考，並擬定可以推動的政策方向。有大量的學習資料，我們就可以充分了解學生的學習歷程，和學生的投入程度，也可以來追蹤學生的改善成效，和他們的學習成果。

透過學習解析學，我們可以了解老師在教學上所出現的問題，也可以掌握學生的學習進度與學習的成效，也可以追蹤學生的學習表現。學習解析學可以讓我們分析學生的學習模式，並預測未來學生的學習表現，也可以提供一些預警信號給學生，提醒學生應該如何掌握學習進度，並在期限之前，完成他的學習任務，包括繳交作業或報告等。

在新的時代，校長要為自己的學校建置一個大數據資料庫，包括學生個人的基本資料、健康狀況、家庭背景，學習歷程、學習表現及課後的學習狀況。

由於資料有時序性，也可以做追蹤分析。台大經濟系教授駱明慶曾經研究居住地對學生的影響，他發現：在二〇一一～二〇一四年間，台北市十八歲人口成為台大生的機率是花蓮的 7.37 倍，大安區則是花蓮的 12.83 倍。然而在二〇〇一～二〇〇三年間，台北市是花蓮的是 13.64 倍，而大安區是花蓮的 27.56 倍。由此可見，多元入學制度使台大學生城鄉的入學差距縮小。

小學是教育的基礎，小學的導師其角色格外吃重。老師的家庭訪問或聯絡簿的內容，都很適合做內容分析。學校各個班級及各個年級，都可以產生很多的教育資料和數據，校長取得這些資訊之後，必須站在制高點來俯瞰全局。德川家康在有號稱「決定天下之戰」的關原戰爭時，把自己的本陣佈置在桃配山上。我也曾經到現場觀察，也佩服德川家康的眼光，在戰爭過程中，的確可以俯視著戰場，並掌握全局。

校長掌握大量的教育資料之後，很容易就可以做學習的解析，甚至可以做跨校的比較。從聯絡簿的內容和關鍵字的統計分析，就可以知道學校有哪些問題急需解決。從學生上線上學習平台的時數，可以作為了解學習力變化的參考。從學生的各項指標都低於常模，就應該多投入資源到這些學生身上。從學生個人的時間數列資料，就可以預測學生未

關原戰爭決戰地

來的發展。學習解析學可以提供給校長作為學校的智慧管理，提供給老師作為改善教學的參考，也更加了解學生的問題所在，更可以提供學生預警信號，並改善其學習能力。

# 32 調查研究式學習

康乃爾大學旁湖濱特色木屋

調查研究式學習（investigative learning）是把學習者當作知識、訊息和技術的追求者，而不是接受者。在這種學習方法下，教師不是知識和技術的傳播者，而是啟發者。教師可以融合專案式與主題式學習的做法，進一步訓練學生的設計思考與調查研究的能力。校內每位老師可以用不同方式和內容，去進行調查研究式學習，並彙整成新的調查研究式學習的架構。校長則是要能夠輔導老師，在教學上善用這種學習方式。

以康軒版五年級下學期的國語課本為例，有一課是梭羅的《湖濱散記》（Walden；or, Life in the Woods.）。學生不僅要了解課文的內容和大意，也要了解作者的背景，和寫作的動機。不僅如此，在調查研究式學習下，我們要問：為什麼書名要翻譯成《湖濱散記》？梭羅的全名是什麼？原來是：Henry David Thoreau. 文中的華爾騰湖在哪裡？Walden Pond 在美國 Massachusetts 州的 Concord，是美國的歷史名勝。它是 10,000 到 12,000 年前冰河退縮的壺穴，佔地有 335 英畝，大約是 136 公頃。Pond 和 Lake 有何差別？為何我們把它翻譯成湖？或者，為何美國人不稱為 Walden Lake? 一系列的問題都出來了。

課文中說一八四五年梭羅在湖畔搭了一間小木屋，住了下來，是他一生中最美好的時光。接下來我們就要問：小木屋的樣貌我們可以知道嗎？結果我們上網搜尋發現：小木屋原貌和內部陳設有重建，可供參訪，也可以讓學生了解當時的生活背景和所處的環境。課文中也提到了鯰魚，我們也可以問：鯰魚的英文是什麼？有什麼特徵？和我們台灣的鱸鰻有什麼差別？鯰魚是catfish，生存能力強，常被放入魚箱中，刺激其他較容易死亡的魚類的求生能力，以減少長途運送的死亡率，這就是鯰魚效應。從這個國文課文中，可以問出很多問題，甚至還可以讓學生比賽誰問的問題最多，誰問的最好。

從調查研究式的學習，我們從國文課本的內容衍生出調查研究其他領域的知識，包括：地理、英文、歷史、自然、社會等各個領域，所以這種學習法也就是跨領域的學習法，要學習者追求其他領域的知識和技術，並探究如何去求得解答。所以從課文也可以了解梭羅是一個自然主義者，除此之外，我們還可以知道：在政治上也主張政府管得少比較好，他的公民不服從對後世也造成很大的影響。從國文裡的一課，我們竟然可以學到很多概念，校長應該要輔導老師走上這一條道路，也可以在校內示範教學。

調查研究式的學習，可以讓學生積極主動的去探尋課本之外的知識，可以刺激老師的設計思考，去設計如何讓學生有興趣去尋找課外的知識，去讓老師重新思考在教學中的定位。對校長來說，調查研究式的學習，就是要去找大數據庫，在大數據庫中，找到一些能夠解決學校問題的方案。以最近疫情蔓延，導致學生居家學習來說，每天都有4%的老師既無到校，也無在家線上教學，那學生怎麼辦？同時統計數據也顯示：學生借用行動載具一個月來，持續增加。校長就要注意這些學生為什麼這麼久了才來借？是否有落後學習？產生了這些問題要如何解決?校長是知識和技術的追求者,也是訊息的掌握者,更是問題的解決者。

# 33 智慧教育管理

大坑國小智慧學習

人工智慧（AI）在行政工作上，有很大的揮灑空間，它會讓工作走向自動化。一個學校的老師除了教學之外，還要管理教室的環境和一些行政事務。國外有一份對老師時間安排的調查顯示：老師把43%的時間用於教學，13%的時間用於備課，11%的時間用於準備考試，7%的時間用於與處理行政事務。AI可以讓老師卸下重擔，因為評定考試和處理行政事務可以由AI來進行。對校長來說，AI可以作為一個好幫手，提供需要的資訊作為決策的參考，也可以讓行政工作自動化，以有效率的方式去完成。

智慧管理應用到校園常見的是：校園安全的管理，透過智慧影像監控來達成。其功能含括：電子虛擬圍籬，安全區域、人員徘徊及熱點偵測，車牌及人臉辨識等。政大附中圖書館成功導入智慧管理系統，在閱覽區進行「人員在席偵測」，當區域內無人時，會自動關閉燈光，以節省能源的使用；在櫃台增加「需求服務通知」，當有學生靠近櫃臺尋求服務時，系統會主動發送訊息提醒館員。針對開放性校園的重要出入口，設計「虛擬電子圍籬」，由系統自動進行偵測，提醒管理人員留意。宜蘭玉田國小則於後校門設定「人員徘徊」偵測，當有人員於區域內徘徊、逗留超過預設時間，系統將主動送出警訊，並提醒學校師長留意。

人工智慧（AI）可以彌補教和學的落差，讓教和學都更有效率，趨向個人化，並簡化行政工作。對個別學生調整其特別的需要而教，是多年來老師所必須面臨的問題。老師要面對一班三十個學生，實在是心有餘而力不足。人工智慧正好可以解決這個困境。目前有些公司像：Content Technologies 和 Carnegie Learning 發展了人工智慧教學並建立數位平台，提供教學、測驗和意見回饋的管道。AI 可以更細緻，因為機器可以捕捉學生臉部的表情，並判定學習的主題對學生來說是否合適，並調整其學習內容。人工智慧也可以培養學生的自主學習理念，並且能夠隨時隨地吸取所需要的知識和技能。

由於老師要花很多時間，在批改學生的作業和考試卷上，在初期，經由人工智慧，可以對多重選擇題進行批改，但目前也逐漸開發用於批改文字的答案上。例如像 Grade Scope 和 Grammarly 這些產品即是。這樣一來，老師可以有更多的時間和學生互動。AI 也可以提供老師教學管理所需要的工具，並協助老師備課，像 IBM Waston Element for Educators 即是。在行政上，入學的審查和註冊的過程都可以更有效率的方式來處理。

人工智慧在企業及產業上的應用，遠比校園來的更多和更快。在業界的應用主要在於生產的自動化、產品品質的控管、網路的安全、產品及產業的預測分析、和客戶服務等。在教育領域的應用，相對較慢和較少，其主要原因在於缺乏利潤驅動的誘因，和教育人員不太能接受改變，也不太清楚人工智慧所帶來的好處。近年來，國外有許多 AI 的產品用在教育上，可以提供給我們做參考。例如：Smart Sparrow，Dream Box，Reasoning Mind，也有一些教學平台，例如：I-Reading，Coursera，Udacity，edX，Amazon Alexa Echo，Dualingon，Writelab，Write to Learn，Thinkster 等。

桃園市的智慧教育聯隊應該要把 AI 優於教師能力的特質，優先開發應用，例如用數據資料庫的運算和統計分析能力，去了解學生的性向和特質，來幫助老師。智慧雙語學校，可以建置英語教學及英語會話訓練平台，智慧聯隊學校可以分工合作，建置各學科教學及輔導平台，讓學校教育更有成效，讓優質教學能夠普及，讓學生更有動力、更適性地隨時隨地自主學習。

## 34 嘗試錯誤

以色列學生數位學習

人工智慧在教育上的應用，越來越普及，所產生的功能也越來越大。尤其是在學習上，嘗試錯誤扮演關鍵性的角色。但是對許多學生來說，面臨不知道答案的失敗窘境，使他們不喜歡在上課時，面對老師和同儕的尷尬處境。一套人工智慧的系統，可以使學生在相對沒有正式評量的環境下，去學習和試驗。人工智慧的家教，可以提供改善學習的解決方案，因為人工智慧的電腦，它本身具備著嘗試錯誤的學習歷程。

嘗試錯誤是一種學習過程，經由不斷地嘗試，讓我們找到解決方案。在日常生活中，我們不可避免會面臨失敗，也會感到羞愧，甚至失去名譽，和既有的一些人際關係。然而成功的領導人都了解失敗的重要性，但是他們會繼續走下去，從失敗中學習到一些經驗，他們會真正了解嘗試錯誤的意義。成功的領導人也會在失敗中，去尋找低風險的環境，想辦法降低其失敗的風險。

電腦遊戲和線上模擬像 FLIGBY，是一種以情境為基礎（scenario-based approach）的方法，可以在低風險的環境中，提供測試管理人員的領導才能和領導技巧。在遊戲中失敗，給予了參加者更多的參賽動機，希望能夠找到其他的管理方法和領導風格，以便能夠成功。因此，FLIGBY能夠無意識性地去教導領導技巧和才能，並教導在學習過程中接受失敗，使人能善用管理技巧。所以經由嘗試錯誤，沒有人可以拿走生活中的真實經驗，包括我們所犯下的錯誤。

Virgin Group的執行長Richard Branson是一個跨國集團的負責人，旗下員工超過七萬一千名。他誤以為所有大型並處於優勢地位的公司，都會沒有活力。因此，他企圖打破可口可樂和百事可樂的雙壟斷的局面，結果顯示是一個失敗的嘗試。在職業生涯中，每一個階段都要隨時準備好迎接失敗的發生和挑戰。不過這種際遇，也帶來了讓人成長的管道，以及培養領導能力的機會。領導人往往能夠從失敗中得到教訓，體認到錯誤，有效率的評估自己能從失敗中學習，並展現克服逆境的能力。桃園海邊的內海國小，位處偏鄉，資源不足，然而學生也能克服逆境，學習到一些經驗，終於在學力測驗中得到好的成績，打敗都會區的一些名校。

領導人必須承擔責任，勇敢而大膽地犯錯，從錯誤中學習，才能夠檢驗領導的才能。領導人之所以成功，不是因為他們過去的優秀表現，而是他們能夠顯現高人一等的學習靈活度，經過一連串的嘗試錯誤，勇敢的接受挑戰，面對失敗的風險，能夠自我覺察，對於失敗重新調整，重新做出適當回應。唐代詩人劉禹錫說：「沉舟側畔千帆過，病樹前頭萬木春。」領導人還是要有開闊的胸襟，看到失敗還是能嘗試錯誤，勇往直前。

# 35 做中學，學中做

以色列幼兒園勞作課

領導人要有接受失敗的勇氣，不怕困難，不怕批評，嘗試錯誤，努力做中學，學中做。《弟子規》：「不力行，但學文，長浮華，成何人；但力行，不學文，任己見，昧理真。」以現代的眼光來說，不努力去做，縱然有學到一些知識，也只是增長自己的浮華不實，變成一個不切實際的人，這有什麼用？反之，如果只是一味的做，不肯學習，就容易仗著自己的傲慢和偏見做事，蒙蔽了真理，這也是不對的。

三國時期，東吳的大將呂蒙和江東十二虎臣之一的蔣欽都善於作戰，深受孫權重用。但他們都是武夫，光會打仗，沒有什麼學識，孫權便要求他們多看點書，並以歷史為借鑒。呂蒙和蔣欽總是以忙為藉口，但孫權向他們說：「不要老是說忙，你們有我忙嗎？我都會找時間研究兵法，你們也要找時間學一學。」他們兩人受到孫權的勸學，遍讀孫子、六韜、左傳等書後，逐漸蛻變成為智勇兼備的將才。因此，孫權就說：「人長而進益，如呂蒙、蔣欽，蓋不可及也。」

「做中學，學中做。」應該是每一位教育領導人的座右銘。史丹佛大學的設計學校高掛著一個標語：「Nothing is a mistake . There's no win and no fail. There's only make.」沒有什麼是錯的，沒有輸贏，只有做。設計學校強調動手做，放膽去做。只要學生有想法，就可以利用學校內桶子裏的紙板和木板去做原型。所以在設計學校內，不能只有想，要迅速和大膽的發想去做出原型（quick and dirty prototyping）。學校的創客教室，應該多準備紙板、木板、壓克力板、積木和線圈等，讓學生能夠盡情地發揮去

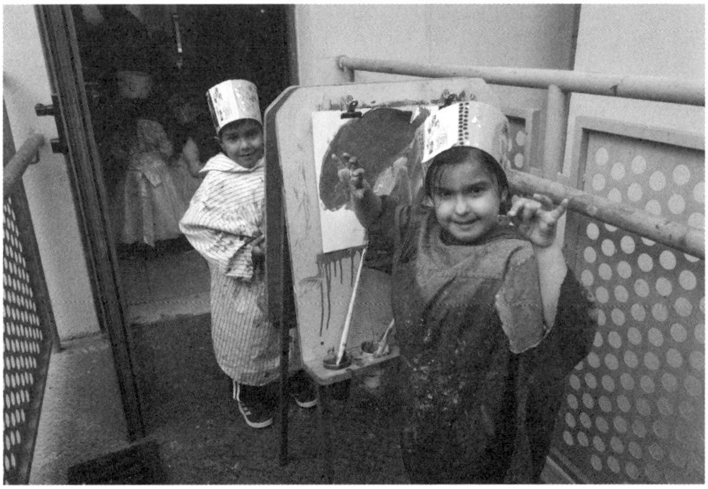

以色列幼兒園美術課

做出原型。

當我們認為學校的智慧化是一個趨勢，我們就要去建置智慧學校、數位學堂。儘管我們對智慧學校、數位學堂沒有很深的了解，我們還是先把學校的數位化環境先建好。因此，第一步就是要先完成校園的網路環境改善，每間教室裝設觸控螢幕，完善互動式的教學軟體。基礎設施完善之後，老師就要學會如何善用這些設施和裝備。老師可以做中學，學中做。從做中和學中，很多的設備裝置和軟體的需求就會被引伸出來，接著下來，各校都要努力爭取經費去讓數位化的教學更趨完善。有做中學，學中做的學校，會大幅領先數位教學上的落差。

離華亞科技園區不遠的大湖國小，數位教學設備早已完備，然而卻備而不用，我去視察的時候，發現老師還是用傳統的方式教學，不禁令人扼腕，校長的責任就是要輔導老師，讓老師能夠做中學，學中做。校長要帶頭做，不懂得要學，學好了又做。現在智慧聯隊學校的教學設備完善了，校長要做的，除了督導老師的數位教學之外，就是要建立一套可供決策的資訊，並把它放在雲端。到班級視導或和老師開會的時候，隨時可以從手機得到所需要的資訊，並和老師溝通。一位成功的校長，能夠發現在做中，和在學中，需要更多的資訊時，才是走向正確的道路。

# 36 做出特色

青埔國小外師生活課

領導人要勇於嘗試，做中學，學中做，並做出特色。要做出特色，就要先找出和別人的相似點，也就是說別人的優點我也有，讓先行者的競爭力就會被削弱。其次，要創造差異點，也就是我的優點別人沒有，並永續保有這種競爭優勢。所以領導人要做出特色，必須先觀察和掌握利基，創造獨特性以發揮競爭優勢，並保持永遠領先的地位。

Raymond Albert Kroc，簡稱 Ray Kroc，早期是奶昔攪拌器銷售商，當他發現麥當勞兄弟為他們的餐廳，向他購買八台多功能的攪拌器，就引起了他的注意。他在一九五五年，開始和麥當勞兄弟聯手，著手開發麥當勞餐廳的特許加盟業務。由於和麥當勞兄弟理念不合，他認為應該以特許加盟的方式大規模擴張，於是在一九六一年，就決定從麥當勞兄弟手中以兩百七十萬美元買下麥當勞連鎖餐廳。

麥當勞餐廳之所以能夠成功，就是因為 Ray Kroc 觀察細微，掌握利基，勇敢去做麥當勞兄弟不敢做的事，擴大特許加盟，並做出麥當勞的特色。麥當勞成為大家所歡迎的午餐，因為在現代忙碌的社會中，午餐休息短暫，所以方便和有價值，便成為消費者的考量。麥當勞的供餐迅速，為顧客提供了方便，產品品質好且售價低廉，環境整潔，服務態度友善，使顧客能夠感覺物超所值。

我們要做出特色，VRIO 的分析可供參考。V就是價值（value），R是稀少性（rarity），I 是不可模仿性（inimitability），O 是組織（Organization）。沒有價值，做了也等於白做。稀少性則可以展現獨特性，如果我們努力的成果很快就被人家模仿，價值就會迅速地降低。如果組織能夠調整自身的管理體系、業務流程、甚至組織架構和文化來動員利用其優質的資源，從而為組織打造可持續的競爭優勢。

智慧聯隊學校是桃園市數位教學最先進的學校，各校都擁有完善的數位教學設備和師資，因此教學模式也差異不大。要做出特色的話，可以和人工智慧、創客課程和人文社會因素相結合。舉例來說，位於客家區的平鎮義興國小，可以應用人工智慧讓機器人教客語；靠近華亞科技園區的文欣國小，可以和科技園區結合，並爭取到園區的回饋，在校園內建置企業認養課程或班隊，例如廣達科技班等；學生人數少的大坑國小及快樂國小，可以發展量身打造的個人化教育為其特色；學生人數多的大竹及青溪國小，可以選拔組成智慧教育小尖兵，在程式教育上展現亮點。勇於嘗試，發展特色，放眼未來，是領導者成功的途徑。

# 37 制度失靈

同德國小外師指導自然實驗

領導人胸懷大志，想要做出一番成就，與眾不同，積極創新，塑造特色。然而，要打造新特色，經常會與現有制度互相扞格。其主要原因，一方面是制度的落後。目前我們顯而易見的是：流行全球的疫情在先，許多對疫情管理的制度和措施在後。

所以制度的落後，產生了一些問題無法解決的空窗期。另一方面的原因則是制度的失靈。為了要管理某些問題，我們建立了制度來加以防範，結果制度卻產生了外部性，造成制度的失靈。例如我們為了提高某一區居民的福利，進行補貼或補償的制度，結果造成了大量區外人口的移入，偏離了與原來制度設計訂定的目的。

制度的失靈可以從三個面向來看：1. 時間不一致（time inconsistency），從問題發生到制度建立有一個時間落差，加上制度趕不上時間的變化。2. 特殊利益團體或人士的影響。例如：民意代表對政府官員的壓力，扭曲了制度的運作。3. 誘因問題（incentive problem）。誘因不足會讓制度虛設，誘因過高又會產生制度的外部性。

學校的校長常想要有一番新作為，去塑造學校新特色時，經常受到制度、法規及校內教師團體的約制。比方說要推動課程改革、建立相關的制度和規定、或導師安排時，教師團體就會有很多的意見。要推動英語教學，沒有增加一些誘因就難以達成。想要增設英語資優班，結果鄰近的學校捷足先登，得到教育局的核准。凡此種種，都會影響到校長的決策和作為。

組織內部的約束，影響到組織的發展，組織可以尋找外援。校內老師的消極或反對，我們就可以尋找校外的學者專家來做奧援。校外的學者專家學經歷較高，也相對比較具有公信力。寶僑（Procter & Gamble）的洋芋片非常受歡迎，為了建立與外部專業合作的創新平台，並推出在洋芋片上標示圖案與文字的新計畫，也透過既有網路發布能夠實現這個計畫的消息，終於成功連結到義大利的一家烘焙坊，業主是研究運用可食用噴墨技術的大學教授。因此，省去了自行開發的過程、分攤並大幅降低研發的風險與經費。

桃園市在推動英語教學時，許多學校都消極被動，現行的制度也沒有很好的誘因。在這種情況下，於是邀請了陳超明和李珀兩位教授來加以協助。兩位教授的模式不同，可以互補、競爭和合作。在兩位教授的協助和市長的大力支持下，讓桃園市的英語教學有了大幅的發展，外籍老師的人數也超越了台北市。另外，民意代表常常接受教師團體的請託，也會影響到校務的推動。因此，校長要避免制度失靈，就必須平時做好溝通工作，審時度勢，尋找奧援，創造學校特色。

# 38 教育陷阱

桃園市螢光計畫

當社會上有不公平的現象出現，我們就會設計一些自以為是公平的制度，然而由於制度的失靈，不公平的現象不減反增。制度的失靈，在教育上就會出現教育陷阱。教育陷阱（education trap）是指教育制度讓我們的學生增加壓力，如同墜入陷阱中，難以自拔。同時也是指我們的學生在接受教育之後，耗費了很多教育成本，也未能改變他們的社會經濟地位。

偏鄉的學校都會被認為教育資源缺乏，學生的學習力低下，為了促進資源的公平合理分配，往往偏鄉的學校，都可以分配到較多的資源。因此，長期以來，偏鄉都享有很多教育資源，不管是政府和民間部門，都會特別照顧偏遠的學校，不管教育資源投入越多，偏鄉學校的學生，在學習表現以及升學方面都是遠遠落後。在這種情況下，我們越會在偏鄉投入更多的資源，就會造成教育陷阱。

經濟學上有一個名詞叫做貧窮的惡性循環（vicious circle of poverty），也就是說，一個國家的所得低，影響到消費能力不足，消費少投資就會減少，投資沒辦法增加，當然會影響到所得無法提高，所以很難擺脫貧窮。對教育來說也是一樣，弱勢家庭的學生能夠享有的教育資源較少，相對的學習能力較低，也難以憑藉其知識技術水準，在社會上垂直向上流動。要打破貧窮的惡性循環，大推進（big push）是一種做法。南韓在經濟發展初期，把大部分的資源投入在資本密集的重工業上，希望透過重工業的聯鎖效果，帶動整體經濟的發展。由於南韓國內資本形成不足，就向外大量舉債來達成。

我們的社會對教育的期待很高，也很重視學歷。在這種情況下，追求大學以上的學歷就成了必需。政府也廣設大學，並進一步改革，結果顯示我們改革越多，差距越來越大。弱勢學生背負著更多的學貸，而且競爭力也沒有相對提高，讓他們肩膀上的擔子越來越重。對富裕家庭的學生來說，我們的制度會讓他們在教育投入更多的資源，越來越沒有效率，也浪費了很多時間在升學上。

要擺脫教育陷阱，校長責無旁貸。校長要鎖定目標，解決問題，避免學生陷入教育陷阱。以色列航太公司 (IAI) 和機器學習應用程式公司 Matrix 共同合作，開發戰場上自動目標偵測系統。利用衛星太空科技及大數據和人工智慧相結合，有效鎖定戰場上的目標並加以打擊。偏鄉及小型學校的校長，要利用大數據及人工智慧的分析，追蹤弱勢學生，為弱勢學生長期打造「螢光計畫」。同樣地，都會區的中大型學校，也要鎖定優秀的學生開啟「寰宇計畫」，因為他們的競爭對象不是在校內，而是在校外，可以讓資源做更有效率的運用。

要遠離教育陷阱，也需要大推進。教育資源的分配，不能是齊頭的假平等。在新的時代，需要有一套追蹤管制的系統，依照考評結果，給予資源分配。教育發展要先鎖定有潛力和認真辦學的學校，並給予全力的支持，讓他們能有大推進。因為在平均主義下，學校很難展現特色。校長辦學不力，給他再多的教育資源就是浪費。有的校長很會寫計畫，很容易爭取到資源，也有很多校長承接了教育行政主管機關的活動和計畫，因而得到主管當局的青睞。雖然得到資源也會相對較多，但也浪費了很多時間，無法提升校務的發展。教育局也製造了教育陷阱，讓很多學校掉入，去從事和提升校務發展無關的活動，應該引以為戒。

# 39 重點突破

桃園市立高中電腦教室

領導人訂定目標後，必須全力以赴。在帶領部屬邁向目標的過程中，通常會面臨資源的不足，制度的約束或失靈，途中的荊棘和陷阱，導致陷入困難，而趑趄不前。為了擺脫困境，領導人可以尋求外援，取得更多的資源，也可以重新檢視現有的制度規範是否合宜，或蒐集所有資訊，選擇突破點，集中資源，群策群力，以竟事功。

明太祖朱元璋逝世後，由孫子朱允炆即位，有感於諸王力量大，進行削藩政策。燕王朱棣便發動了靖難之變。戰爭進行了兩年多。雖然燕王獲得不少勝利，但因兵力不足，無法鞏固並擴張勝利，往往放棄新取之地；僅能據有北平、保定、永平三個郡。後來朱棣決定直接率兵南下直撲南京，避免在北方纏鬥，以南京為重點突破的方式，僅用半年多的時間，就成功登基，是為明成祖，並開啟了昌盛的永樂時代。朱棣面對數倍於己的兵力，選擇重點突破的戰略，事後證明是成功的。

做為一個領導人，每天所面臨的事務可謂繁雜而眾多。如何從繁雜的事務中理出頭緒，找出重點，集中資源，以最有效率的方式完成，是領導人重要的課題。美國前總統艾森豪說：「"What is important is seldom urgent and what is urgent is seldom important."」。他提出了一個矩陣的概念：將處理事情依重要性 (Important) 與急迫性 (Urgent) 的程度將工作分為四大類：1. 重要又急迫的工作：想當然爾，優先處理。2. 重要但不急迫的工作：列入清單，稍後處理。3. 急迫但不重要的工作：委外協助。4. 不急迫也不重要的工作：有空再處理或是不處理。基於這四大類，建構了艾森豪矩陣（Eisenhower Matrix）。

校長到一所長期以來聲譽不好的學校去履新，在這種情況之下，可說是百廢待舉。要改變這種處境，先是要設定明確的目標，並激勵人心。設定目標就是要重點突破，也是要告訴大家停止做不重要而且沒有效率的事。校長可以參考艾森豪矩陣，規劃了做事的優先順序，也可以尋找代理或委外的時機，讓自己變得更有效率。

對校長來說，如何找重點突破？突破點就是能產生最大效益的點。舉例來說，建置一間專科教室要三百萬，讓人家看到改變的只有一間教室。同樣的，如果我把這筆錢拿去讓班級教室裝上觸控螢幕，我就可以讓至少三十個教室改變。對小於三十班的學校來說，那是全校教室的改變！也是讓全校學生能夠有數位教學的改變！教育資源有限，校長處理事務要重點突破，讓大家看得到，感受得到。

# 40 核心競爭力

Amazon 總部

領導人要短期成功，就必須選擇重點突破，帶領部屬以有效率的方式，努力完成。在長期，領導人必須高瞻遠矚，培養和發揮自己與組織的核心競爭力（core competency）。簡單地說，核心競爭力就是優於競爭者的一種優勢能力，這種優勢能力是個人或組織的根本。就像一棵大樹一樣，有樹幹、枝葉、果實和樹根。有健康而又能充分吸收養分的樹根，就是核心競爭力。《尚書．五子之歌》：「民惟邦本，本固邦寧。」把作為國家根本的老百姓照顧好，國家就安寧了。因此，根本之道在於培養和發揮核心競爭力，就成為領導人具有持續競爭優勢的關鍵。

我們可以看到許多知名的企業藉著其核心競爭力，在市場上佔有舉足輕重的地位。3M的核心競爭力在黏著（adhesiveness），便利貼、膠帶、無釘掛勾等都是他們優勢的產品。Hallmark 公司的核心競爭力是增進人際關係的能力，把好的品質融入社會連結（Bring Quality to Social Association），因此，大家都愛他們的感謝卡、賀禮卡和慰問卡。Cannon 公司的核心競爭力有光學、微型機械和微電子整合的技術，相機、複印機、印表機都能夠在市場上有很好的表現。

由核心競爭力出發，企業可以多角化經營，將核心競爭力延伸到多樣化的產品上。本田公司就將CVCC引擎的技術，擴展到割草機以增強本田割草機的競爭優勢。企業在多角化經營之後，可以將非核心的事業外包出去。有許多公司的資訊部門如果不具有競爭優勢，可以外包給具有核心競爭力的公司。像教育局的資訊教育科，可以外包給資訊能力高的公司或機關，這個時候資訊教育科長也可以叫CIO（Career is Over）。

領導人要如何發展競爭優勢？首先，領導人不要考慮和計較現在的優勢，要放眼未來。因為時空環境會改變，現在的優勢在將來可能會變成劣勢和包袱。

其次，要讓自己的優勢具有展延性，可以開展到其他領域，並延續到未來。再者，要讓自己的優勢永遠保持領先，別人要跟上，成本和代價很高。台積電的核心競爭能力，就是奈米製程，三星和英特爾要追上，必須花很大的代價。

學校的校長要具有核心競爭力，首先要認清楚的是：自己的競爭優勢在哪裡？再來考慮如何充實自己。在自己的專業上，學習跨領域的知識，培養前瞻性的眼光和技能，讓自己的核心競爭力具有展延性。教育是百年大計，校長的眼光要又高又遠，但是也不要什麼都想做，把不具競爭優勢的不做，或外包出去讓別人做。校長要做的是培養未來的學生和未來的老師，把未來的學校作為學校的核心競爭力。這樣一來，不管時空環境如何的變化，都永遠保持領先。

# 41 策略創新

停課不停學 - 文欣國小遠距教學

策略創新是一種新的想法和做法，能夠提高附加價值，透過建立新的運作模式，在競爭過程中保有優勢地位。策略創新會產生先發優勢（first move advantages），如果模仿這個先發優勢的代價不高，就會吸引其他競爭者加入，原有的先發優勢就會逐漸流失。因此，策略創新除了要求能夠成功之外，關鍵在於成功之後，還能夠繼續維持領先的優勢。

7-ELEVEN 首先推出二十四小時的便利商店，後來很快地就被其他公司模仿，因為這個創新策略，模仿的代價不高，所以如何繼續享有優勢，就必須不斷地有新的策略創新，因此便利商店就衍生出許多便利性的服務，像轉帳繳費，提供上網及飲食服務等。瑞士的 SWATCH 藉著瑞士鐘錶的優勢，重新將手錶定位成時尚的商品，以不斷的創新設計，建立其時尚品牌形象，這也是策略創新的例子。要有策略創新已經不容易，但是要維持策略創新的優勢會更加困難。

要有策略創新，就必須要有新的思維。以學校來說，學校的策略創新，要從學生的角度去思考。然而學生不一定知道本身的需求，所以我們在推動智慧教學之前，沒有學生告訴我們，他們需要觸控螢幕。很多學生的需求，是可以被創造出來，例如老師用機器人來教學，會刺激學生對機器人教學的需要。另外為了滿足資優學生和他們家長的需求，學校可以採取成長駭客（growth hacker）策略，增設資優班，增加資優學生入學，並能夠為學校帶來聲望和效益。所以策略創新並不限於老師教學工具和方法的創新，以學生為本，進行學校文化的再造，也是可行的方式。

進行策略創新，讓學校的環境氛圍和組織文化改變，讓學校煥然一新。蠟燭的傳統角色在於照明，當其他照明的工具，像燈泡、日光燈、LED 等被開發出來，蠟燭並沒有消失，反而轉為具有提升環境氣氛的功能，蠟燭的外型也做了藝術的改變和創意的巧思。行銷學上有所謂的虛實融合 OMO（online merge offline），以人為本的銷售模式，也就是跨越線上服務的方案，從品牌的影響力出發，讓顧客滿意和成功，讓顧客變得有價值。

學校每一個班級都有安排固定的級任導師和授課老師，除非老師教學不力，或有其他重大原因，否則沒有辦法改變，學生如果不滿意或不喜歡老師，也只得黯然接受。如果我們採取 OMO 模式，學校每週統一開設線上彈性諮詢課程，學生就可以利用這個課程和其他老師互動，讓學生有影響力，提高學生的價值，也刺激老師教學品質的提升。學校可以整合線上線下的資料，以學生為本，推動新的教育模式。所以學校的策略創新，要以學生為核心，增加學生的滿意度和價值，學生的成功，就是學校的成功。

由於疫情的嚴峻，學校採用線上教學。如何確保線上教學的品質，讓學生不至於產生學習落差，學校必須實施線上教學之後的成果檢核，這也是 O2O（online to offline）。Airbnb 和 Uber 都是最好的例子。這兩個虛擬的平台，利用了無數的實體設備，創造了傲人的業績。當疫情結束後，學生回到學校，學生和家長就會充分了解虛擬和實體教學的差異，線上教學成效不佳的老師，更容易遭到學生和家長的唾棄，校長不可不注意。

# 42 策略執行

韓國國立首爾科技大學

有完善的策略規劃，以研擬創新的策略，並不能保證策略執行的成功。領導人要實現目標，在執行策略時，必須要擁有充足的資源和適當的管理，才能促成策略的實現。領導人的策略執行，首先要重視對組織文化的了解，與部屬的工作態度和方式，以及對工作的價值觀，才能有利於策略的執行。策略執行時，領導人要帶頭去做。領導人在關鍵時刻會喪失領導力，其主要原因在於領導人通常要求下屬「照我說的做」，而不是「照我做的去做」。下屬常會受到所謂示範的學習過程，潛移默化而受到影響。

很多企業的策略都大致雷同，但績效卻大不相同。績效好的都歸功於企業的策略創新，發展新的經營模式，並產生和競爭對手之間的差距。如果策略執行不力，很容易被競爭者追上。台積電的晶圓代工是成功的策略創新，但競爭者隨之跟進，台積電的策略執行就轉移到良率上。所以策略執行也需要有彈性。拍立得（Polaroid）的執行長 Gary T. DiCamillo 把公司失敗的原因歸責於：不能停止既有的做法，因為立可拍軟片是公司財務的核心。企業通常有一個迷思，會聚焦在某個部分市場，在那一個市場上，認為過去行得通的做法現在仍然適用。

策略執行要能成功，還要有能夠執行的人。領導人要用有互補才能的人，要評估部屬的執行能力，執行能力不足，就要換人。領導人不能有「組織侏儒症」，也就是說，領導人怕被部屬取代，所以用的部屬一定比自己差。除此之外，人事政策也要和策略相配合。人事的評量，不僅看過去的績效，也要看是否能夠配合機關組織未來策略的需求。換句話說，校長過去治校的績效良好，並不表示他就能夠配合教育局未來發展策略的需求。所以人事的評量，除了過去的績效之外，還有考慮未來的發展潛力。

策略執行會有一個迷思就是：策略的執行要由上而下，在這種情況下，沒有辦法鼓勵中階主管培養決策的能力，展現主動積極負責的精神。由上而下的文化中，容易產生衝突，而不是解決衝突，也會喪失和同事一起解決問題的能力。校長有任期制度，也可以說是流水的官，基層老師是鐵打的兵，如果校長要提升老師的專業能力，強迫老師參與專業成長的研習，老師忍耐一下，加上也沒有任何懲罰的誘因，等鋒頭一過，就不必配合，造成執行不力。

策略執行必須和獎勵誘因相結合。然而獎勵的誘因常和衡量指標相連接，我們也不應過分執著於衡量指標。管理大師 Peter Drucker 說：「接受衡量的東西，就會受到管理。」很多獎勵的標準要看成果，而且成果要能量化。太過於強調成果的量化，會否定和忽視組織文化的重要性。策略執行是需要我們敏捷地掌握策略機會，形塑組織文化，因應時代環境的變化，能夠協調各部門彈性調整。所以校長在推動校務發展，也要培養各處室主管有決策的能力，並輔以獎勵的誘因，並給予老師肯定，激發老師的積極性，也要協調各處室能夠以最佳化的方式，推動校務發展。

# 43 策略領導

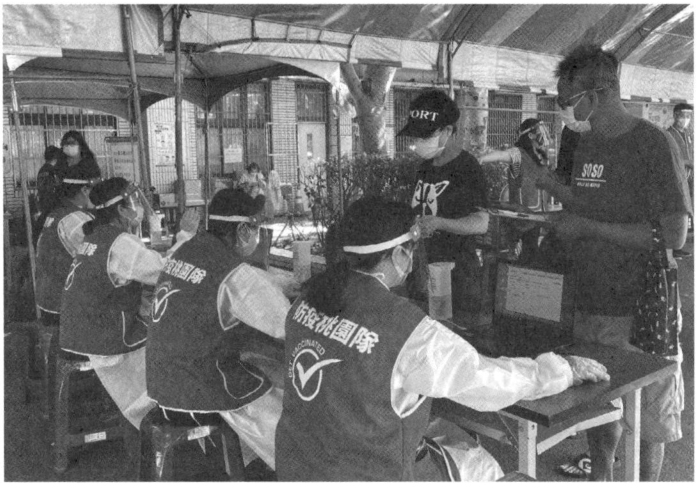

疫苗注射站規劃

策略的執行，必須要有卓越的策略領導。策略領導是指在管理下屬的過程之中，能夠充分利用策略去完成組織的目標。它也是一種潛在的影響力，能夠影響組織成員去執行組織變遷。策略領導可以創造組織文化，分配資源，並提出願景。在策略性領導的概念之下，個人必須具有預測未來趨勢，能夠策略性思考提出願景，保持彈性，與他人合作為組織創造有生命力的未來。因此，一個策略領導者，能夠預視組織的未來，並對組織的發展加以規劃，並能夠貫徹執行，發揮策略的最大功效。

Bill Hewlett 是 HP 創辦人之一，有一天他發現通往儲藏室的門被鎖上了，而他手上並沒有鑰匙，就用小螺絲將門鎖撬開，然後在門上留下一張便條，寫著「此門永遠不再上鎖。」這個策略性的做法告訴 HP 的員工，HP 是重視互信與規定的企業。另一個創辦人 Dave Packard 某一天在工廠巡視時，發現一個廉價、輕薄的新產品原型。他就把它丟棄，並告訴員工說那是一堆垃圾。從此，HP 的員工清楚了解品質的重要。HP 的兩位創辦人巧妙地充分利用策略，完成公司的目標。

好的領導者能預見未來、洞察先機、見微知著，透過數據佐證，規劃願景、不安於現狀，勇於冒險、樂於改變以推動新方案。以疫情肆虐為例，當學校接到要設置社區疫苗接種站任務的時候，校長就必須要先規劃疫苗注射場地及設備的安排、出入動線、人力資源的配置、及緊急救護設備等等。人力的安排，也會考量接觸的風險較高，會有公平性的問題。因此，如何有激勵誘因，讓校內人士勇於參與，變成了校長的難題。由於疫情擴大了學生的學習差距，校長應該預期在疫情結束之後，如何縮小學習差距，掌握後疫情時代的趨勢，預先做好準備，至關重要。校長不能對未來茫然，也不能因茫然而做事盲目，也不能因做事盲目而工作忙碌。

領導人在順境時，要會看很遠；在逆境時，要會看很深。然而，現在的變化會來得很快，嚴加考驗了領導人必須迅速有應變的能力。《將苑》：「將能執兵之權，操兵之要勢，而臨群下，譬如猛虎，加之羽翼，而翱翔四海，隨所遇而施。」領導人絕對不該假設擁有正式權力，部屬就會自動跟隨你的領導，你必須有個策略，以贏得他們的支持。又云：「夫為將之道，軍井未汲，將不言渴；軍食未熟，將不言飢；軍火未燃，將不言寒；軍幕未施，將不言困；夏不操扇，雨不張蓋，與眾同也。」所以策略領導的真諦，就是和部屬要有同理心。

校長要和學校同仁維持良好的關係，用對的人，實施對的策略，堅守對的原則，做對的事情。校長要和學校同仁分享學校的願景，並激勵他們全力以赴。作為學校的領導人，要將複雜的事情簡單化；簡單的事情流程化；流程化的事情標準化；標準化的事情制度化。校長也要和同仁分享自己的經驗，並告訴他們校長自身的故事，這個故事可以展望未來，學校同仁也都是這個故事的一個部分。

# 44 權宜領導

以色列 Ohel-Shem High School

Carly Fiorina 是 HP 前 CEO，也是曾經被 Fortune Magazine 選為在企業界最有影響力之一的女性。她在加入 HP 之前，在 AT&T 表現極為優異。然而在轉換公司之後，忽視了 HP 的公司文化，大規模的裁員，也主導了對 Compaq 的併購，公司的負債增加，股票價格下跌，最終被迫去職。領導者、部屬、內外在環境條件和工作任務，這四方面的因素，會產生交互的影響。因此，在A公司的領導模式不見得能夠適用在B公司，所以領導人應根據實際情況來進行管理。

領導人所做的決策行動，會因內外部環境條件不同而有差別。這就是Fred Fiedler所提出領導的權宜理論（Contingent Theory of Leadership）。這個理論可以用來預測領導的績效表現，經由領導人的人格特質，和領導人對情境的控制之交互影響而得。領導人也必須知道他們的成功，除了決定在個人的領導能力之外，有一部分決定於他們所處的環境。為了要更好的帶領團隊，領導人可以調整他的領導風格，以順應當前的狀況，或委任給其他的同事一些責任。

桃園市有位校長原先在偏鄉小校服務，任期屆滿後面臨調任時，適逢有一所都會區的大校出缺，該校學生人數眾多，沒有人有意願前往，在這種情況下，經由教育局的全力遊說，終於前往就任。由於偏鄉和都會環境差異太大，民意代表關心學校的層面也不盡相同，加以自身又沒有辦法調整領導風格，以適應新的環境，終於出現領導危機。另外，有一位在國中辦學績效優異的校長，通過高中校長遴選，就任之前，就已經備受高中教師質疑國中的校長如何領導高中的議論。校長換到一個新的學校，不能要求學校配合他的領導風格，要先了解學校的組織文化。

《列子．說符》：「投隙抵時，應事無方，屬乎智。」校長因故離開校長職位，就出現了空隙，被教育局安排視導或督學工作，有一位校長一氣之下就提早退休了。列子告訴我們不要不會利用這個空隙，就像一位博士畢業生一直找不到工作，現在有一個小學代課老師的機會，要不要做？抵時就是要掌握這個時間。世上做人做事沒有固定的方法，也沒有固定的方向和原則。所以我們不能墨守成規，應知通權達變，所以被調整職務的校長，不能老是為著面子考慮，而冥頑不靈。時空環境不利的時候，當退則退，退一步為將來的進兩步做準備。

Fiedler 發展出一套衡量不喜歡同事的指標 LPCS（Least Preferred Coworker Scale），衡量的項目有十八項，包括：愉悅、友善、溫暖、支持、開放、信賴、仁慈、親近、忠實、體貼、誠懇、和諧、接受、教養、熱情、興趣、自在、同意等，多和人際關係有關。每一項量表的分數從1到8，分數越高，代表越趨正面的人際關係。總分低於57分的屬於工作動機型（task motivated），總分高於64分地屬於人際關係動機型（relationship motivated）。我到教育局服務，人生地不熟，又沒有帶助手來履新，分數自然低於57分，所以是工作動機型的領導，所以開創了很多的任務，也交付了很多的工作。等到過了兩年後，認識了很多校長，也得到很多的助手，分數就高於64分，所以就變成人際關係動機型的領導了。

我在就任局長之初，是工作動機型，開創很多創新的工作，但也面臨環境制約的困難。我過去所處的高等教育環境，和國民義務教育截然不同。我的溝通語言也要做調整，所以我會喊一些簡單易懂的口號，而口號的內容就是要推動的政策。對於績效不彰的人和事，也要配合時空環境再作調整，不是不調，而是時間未到，環境尚未成熟。在這個時候，就要忍人之所不能忍。所以權宜的領導，不是一成不變，適用單一的領導模式。

# 45 禪定領導

日本大阪木材仲買會館

《六祖壇經．坐禪品第五》：「外離相即禪，內不亂即定。外禪內定，是為禪定。」根據佛教禪宗的修行方法，一心審考爲禪，息慮凝心爲定。佛教修行者以爲靜坐去斂心，心就會專注一境，久之達到身心安穩、內心觀照明淨的境界，即爲禪定。換句話說，修行者高度的集中精神，努力對某對象或主題去思維，這個時候，心就住在一特定對象的境界之內，也可說是心無旁騖。

領導人會每天面臨許多訊息，要處理很多事務，並經營錯綜複雜的人際關係，實在是有一定的難度。我在當教育局長時，很多學校的老師和家長，甚至有學生向我陳情和告密校長的不當。陳情者通常會花很大的篇幅來敘述，深怕我不瞭解，但告密者卻喜歡擠牙膏式的爆料，甚至傳到媒體，讓資訊不對稱（information asymmetry）的狀況出現。訊息有多有寡，有真有假。現在有很多媒體的從業人員素質不高，不會查證，也不會處理不當的訊息，也經常偷懶，直接全數採用告訴人的訊息，讓不少校長吃了悶虧，有口難言。

領導人面臨錯綜複雜的環境和問題，最好的方式就是禪定。有人向我投訴

體育背景出身的校長，會利用午餐的機會，常在外面喝酒；有重視升學的校長，為了爭取亮麗的升大學成績，採取了許多被老師認為是鴨霸的措施；有校長在上班時間請了假，還跑到外縣市的車站去約會，也有一些主任為了考上校長，去參加校長讀書會，並付費給指導的校長等。凡此種種，不勝其擾。要擺脫這種亂象，就先交給督學和政風去調查。外面的相，不要影響到我們的情緒和決策判斷，這就是外離相即禪，由於陳情告密者不會只有一次，還會有第二次，第三次，有一位教官向我投訴了N次，投訴了這麼多次，我的內心不能嫌煩，也不能生亂，這就是定。

「前念迷即凡夫，後念悟即佛。前念著境即煩惱，後念離境即菩提。」前念對環境起執著心，就產生了煩惱，這就是凡夫俗子。後念能離開執著於環境的心情，就是無上的智慧，這就是成佛。有些校長知道哪位老師打他的小報告，而懷恨不已，這就是執著於前念，所以處心積慮找適當的時間要整老師，這就是後念。後念跳不開這種處境，就沒有無上的智慧。

領導人要以身作則的領導，要讓部屬知道禪定，不要讓煩惱和是非困住了自己，影響了工作的進行。唐末五代十國時，禪宗風氣很盛，有一位居士張拙向石霜禪師問道。禪師問他姓名，他說我叫張拙。禪師就說：「覓巧尚不可得，拙自何來？」於是他一下子就頓悟了。因為他悟得一切法無我，放下我執，得成於忍，沒有妄念，沒有罣礙，工作順著去做就圓滿了。

以色列拉馬干市智慧城市交流

現代的領導人可以藉助科技工具，完成有效率的管理工作。全球流行的疫情不僅造成了人們的健康危機，也對經濟造成了重擊。在這種情況下，有些企業為了永續經營，領導人就迅速地做出了調整，數位科技也扮演了更重要的角色，也改變了工作的方法和工作的場域。要在這一場變革中贏得勝利，就要快速地增加網路的頻寬，提升網路的安全性，開創新的網路平台，確保體系的穩定性。

Airbus 的 CIO（Chief Information Officer）Catherine Jestin 就認為疫情帶來工作方法的改變，使生產力增加了25%，減少了通勤和干擾，線上會議時，同仁間更專注傾聽，更尊重交換意見，讓會議更好管理。全球蔓延的疫情，也是數位科技轉型的觸媒。然而對學校來說，很多校長對於這個領域非常陌生，也很少接受訓練，對他們來說是一個嚴格的挑戰。值得注意的是：校長們也不知道利用這種轉型，來增加他們學校的價值。和企業不同的是：學校的領導不在意用科技領導，去減少學校的行政成本。

數位科技的到來，深深地影響了校長的角色和責任。資訊和通信科技啟動

了學校系統變遷的需求，學校的老師和校長也感受到變遷的壓力，也必須要找到在教室裡技術創新的方法。作為一個科技領導者，必須要培養科技創新，也要了解科技的生命週期，也要學會科技管理，包括：科技的評估、預測和技術移轉。

校長要鼓勵老師對數位創新持開放的態度，不能拒絕改變，也要讓師生知道，為什麼這個改變是必要的。新的科技要讓師生用起來簡單，在很短的期間內就可以學會。有些人會學得比較慢，可以分成幾個階段，並提供訓練。由於適應新科技需要一段時間，所以也需要一些空間，可以接受失敗。新科技會帶來新的挑戰，所以校長要鼓勵師生，以正面的態度來接受新的科技。

Nvidia 的 CEO 黃仁勳說 AI 不僅是當代最強大的科技力量，將掀起嶄新的運算浪潮外，所打造的物聯網規模在未來幾年內，將會是當今的數千倍。黃仁勳的科技領導，就是他以前瞻性的眼光，二〇一九年收購手中握有無限頻寬（InfiniBand）網路物聯核心產品的Mellanox，因為全球有過半數的資料中心，如Google、微軟等雲端大廠及超級電腦都會用到Mellanox的解決方案，也奠定了Nvidia在高效能運算時代下的佈局。二〇二〇年更以四百億美元收購Arm，打算把運算能力從雲端、智慧型手機推向邊緣物聯網，將AI運算擴散到每個角落。

科技領導者要有前瞻性的眼光，並善於溝通和承擔風險。所以學校要推動智慧教學，校長作為科技領導者，要有前瞻性的眼光，要知道有哪些科技輔助的教學工具和軟體，是未來教學的主流，並和老師溝通。也要提供一些誘因給老師，讓老師有意願採用新科技教學，那就是善於對老師溝通，並全力支持提供給老師新的教學工具和軟體，並鼓勵他們使用。校長所面臨的風險是：引進新設備但老師不用，或買進新設備時，有更進步的設備出現了。所以，校長要有充足的知識和資訊，並對科技做評估，才能適應學校的需求。

# 47 信號失靈

Facebook 總部辦公室一隅

領導人在管理過程中，通常會找出一些信號，來反映部屬的工作績效和能力。一般我們會認為部屬的工作能力好，其績效必然高。然而要精確地鑑別一個人能力的高下，只能在長時間的工作中，透過觀察和考核，累積了一些訊息來做判斷。不過這種方式，鑑別成本很高。因此，發展一種低成本的考核方法就有必要，以學歷來鑑別部屬的能力，就是替代性的考核。因為高學歷就是高能力者向職場傳送低能力者難以模仿的信號。這種替代性考核，是一種低成本的做法。這就是二〇〇一年諾貝爾獎得主 Michael Spence 提倡的觀念。

替代性考核可以大幅降低領導者，也就是信號接受者的考核成本。如果信號發送者做假的成本很低，那麼替代性考核就會失靈。所以信號失靈，就會使替代考核失去意義。察舉制度是漢代創立的一種選官制度，選官的標準有兩個：一個是德行，另一個是能力，合起來講，就是選賢與能。

漢代考核個人能力的方法是對策：皇帝把問題寫在竹簡上，叫做策問，被舉薦的人也把答案寫在竹簡上，叫做對策。由於考核個人能力最準確的方法是試用，但這種做法考核成本太高，所以就用對策來做替代性的考核。考核德行是用觀察一個人的孝行，來進行考核。這就是所謂「忠臣以事其君，孝子以事其親，其本一也。」在察舉制度的初期，孝子向外傳遞了不孝子難以模仿的信號，因為在父母過世後，守孝的成本很高。但是在察舉制度後期，出現了副產品，使孝行氾濫，孝行和悌行成了等價。

在察舉制度下，大哥已經做了官，為了讓兩個弟弟也做官，就決定分家。大哥把好東西全部據為己有，兩個弟弟沒有一絲怨言，這樣算作悌行，被舉為孝廉。經過一段時間，大哥又把好東西全部送給兩個弟弟，自己一無所有，這樣也是悌行，得以升遷。替代性的考核，因副產品的出現，造成了信號失靈。

校長遴選制度實施多年以來，遴選人已經累積了許多經驗，包括參加校長

補習班，考前猜題，準備面試和治校理念的訣竅等等，大幅降低通過遴選的成本，也讓反映個人特質的信號，無法發揮鑑識的功能。遴選的副產品還有遴選人向民意代表請託，去遊說教育行政主管部門，讓鑑別個人能力的信號失真。

有些候用校長，在候用期間表現高度服務熱忱、待人彬彬有禮，為贏得考評分數，前倨後恭。等到分發出去，成了一校之長，專權跋扈，阻斷溝通，我行我素，校園紛擾不斷，終致黯然退場。信號失靈會使不能當校長的人，當了校長；信號真實會使不適合當校長的人，永遠當不了校長。所以領導人要從部屬身上找信號，需要時間，也要考驗部屬的耐心和毅力。

信號會失靈，主要是訊息不足，和訊息不夠清晰，以及訊息所產生的扭曲。交通頻道的廣播電台，收集路況訊息的代價很低，只要用路人遇到交通阻塞或擁擠，立即向電台反應，只要訊息是真，信號沒有失靈，用路人就可以節省成本，電台也可增加收聽率。因此，增加訊息量和訊息的清晰度，並防止訊息所產生的扭曲，就可以克服信號失靈的問題。

# 48 信號傳遞

桃園國小智慧教學

領導人和部屬之間，經常存在者資訊不對稱。資訊不對稱會產生兩種現象：隱藏資訊（hidden information）和隱藏行為（hidden action）。舉例來說，領導人給部屬派遣任務，並限期在一週內完成。結果部屬並未在期限內完成，並向長官報告，任務複雜而又困難，能力有所不足，需要更多時間。部屬自己知道能力夠不夠，而長官不知道，這就是隱藏資訊。部屬可以決定一週內要做什麼，偷不偷懶，長官看不到，這就是隱藏行為。隱藏資訊帶來的影響就是逆向選擇（adverse selection）；隱藏行為帶來的後果就是道德風險（moral hazard）。

要解決逆向選擇的問題，最好的方式就是信號傳遞（signaling）和篩選（screening）。二手車的市場常會發生逆向選擇的問題，因為對於車子的品質，賣家知道，而買家卻不能掌握。由於買家不知道車子的品質，也不想買到品質差的車子，因此，買家不願意付出過高的價格，致使較好車子的賣家會退出市場。另外就勞動市場來說，求職者清楚自己的才幹，但是公司看不到求職者的能力，也不想雇用生產力差的員工。在這種情況下，公司不願意付出較高的薪水，因此比較高生產力的員工，就會離開勞動力市場。

就候用校長來說，他們通過了校長甄試的筆試，也經歷了沒有淘汰機制的儲訓，對教育局來說，筆試和儲訓，並不能真正反映個人的能力，最好的方式，是由候用校長將能夠反映他能力的信號，傳遞給遴選委員會。要讓信號傳遞有效果，不同類型的人，要選擇不同的行動。重要的是：我的行動對別人來說，要成本過高才行。比方說，我傳遞的信號是我拿過師鐸獎和教學卓越獎，我是耶魯大學的碩士，像這樣，這些信號都可以反應個人的能力。別人要和你有一樣的行動，代價會很高。

信號傳遞的基本原則是：我知道一些你不清楚的事，我想辦法用信號傳遞讓你相信我，信號有很高的成本，別人不容易做到，這樣就比較令人相信。所以要讓條件好的人，能夠彰顯他的好；要讓真心的人，能夠彰顯他的真心。有候用校長為了努力爭取優先分發的機會，都會表達去偏鄉服務的熱忱。通常這個信號都是假的，因為我會說：「既然你對偏遠鄉這麼有熱忱，願意不願意在偏鄉服務至少十年？」。在偏鄉服務十年，這個信號成本很高。

適當時機的信號傳遞，也會改變一個人的決策。《左傳．隱公元年》：「鄭伯克段於鄢。」，這是春秋時代的家庭倫理劇。當初鄭武公娶武姜，生了莊公及共叔段。莊公出生時沒有順產，腳先出來，武姜也因此而討厭莊公，喜愛共叔段，想將其立為太子。她屢次向武公請求，武公都不答應。後來共叔段和母親聯手篡位失敗，於是莊公把母親安置在城潁，並且發誓說：「不到黃泉，不再相見。」不久卻又後悔了。後來潁考叔聽到這件事，藉著進獻貢物去見莊公。莊公賜他食物，他把肉放在一邊不吃，莊公問他，他回答說：「我母親沒有嘗過君王所賜的肉羹，請讓小人把肉羹帶回去給她吃。」莊公說：「你有母親可贈送，惟獨我沒有。」莊公告訴他原故，並且表示後悔。潁考叔就說：「如果掘地見泉，在地道中相見，有誰敢說不對呢？」莊公就照他的話做了，這個信號終於使母子和好。

信號傳遞有發送者和接受者。其核心概念就是在訊息不對稱的前提下，一方沒有辦法知道另外一方真實的價值，所以具有訊息優勢的一方，通過傳遞一個信號，告訴訊息缺乏的一方，自己真實的價值。部屬通常會爭取一些表現作為一種信號，傳遞給領導人，希望獲得肯定和晉升。領導人也應傳遞一些信號給部屬，激勵部屬有更好的表現。當我選擇桃園國小作為桃園市第一所智慧學校時，我常常去學校督導，我要傳遞的信號就是：只能成功，並限期完成。因為我常常去，我的成本就很高，所以所傳遞的信號是可信的，這樣校長就會有壓力，努力完成任務。

候用校長辦學理念發表線上直播

要克服資訊不對稱的問題，對資訊較少的一方來說，主要就是要增加資訊；對資訊相對較多者而言，則要將較多的資訊傳播出去，並作為一種信號。需要資訊的一方，可以收集有利於他的資訊，要求資訊的提供者提供正確而且適當的資訊。篩選可以把錯誤的資訊過濾掉，保留正確的資訊。只要有資訊不對稱存在，篩選就可適用於各個領域，像管理、保險與勞動市場等。以保險市場為例，保險公司並不知道投保人在投保之後，從事風險性行為。保險公司可以透過投保人在註冊時，篩檢認定是否有風險性行為的紀錄，如果有的話，就排除保險資格，或用比較高風險的水準，去接受保險計畫。

有時候我們所接受的訊息是真或是假，必須由第三方驗證。以美國大學申請入學為例，所需要的推薦信要由推薦人直接提供；所需要的考試成績證明，也由舉辦考試的機關發送。這種由第三方驗證並提供資訊的做法，提高了訊息的可靠度。然而在職場上，我們傳送訊息的對象，除了個人之外，也有由個人所構成的群體。就學校來說，校長所要傳達的對象有老師，也有學生和家長。

對群體傳播訊息，要重視其正確性和有效性。因為人多意見不同，想法不同，傳播的效果自然不同。在網路尚未普及的時代，資訊的傳遞非常「單向」。

然而在當前，資訊不僅不是單向傳遞，也有「多面向」，有如蜘蛛網，複雜的連結在一起，也可以經由群組的方式地集體連繫。Paul F. Lazarsfeld, 和 Elihu Katz 等人提出了兩階段的溝通理論（two - step flow of communication），他們認為傳播是由大眾傳播媒體先將資訊傳達給關鍵意見領袖（Key Opinon Leader，KOL），再由關鍵意見領袖傳達給大眾，因此稱為兩級傳播。其中意見領袖會對資訊進行過濾、篩選、詮釋後再傳達給大眾。

兩階段的溝通理論，突顯了人際傳播較能對個人態度發揮影響。從群眾的角度而言，尤其由 KOL 扮演著舉足輕重的角色，KOL 對在社交媒體所發表的評價，不單是吸引無數跟隨者的注意，更影響很多人的決定。以學校來說，教師團體的幹部就是 KOL，在校務會議中，經常發表意見的教師也是。學校要推動校務，首先要向這些 KOL 傳遞訊息，先看看他們的反應，才能了解工作的推動是否順利。如果 KOL 沒有進一步意見，由他們去向其他成員宣導，效果會更好，阻力會更小，任務更容易完成。

我和教師團體的溝通，採取 AIDA Model 。A 代表 Attention ，I 是 Interest，D 為 Desire，最後一個 A 則是 Action ，付諸行動。曾經有教師團體的代表來找我，談校長遴選制度的改革問題。由於校長遴選制度牽連甚廣，可以討論和改進的地方也很多。我就先思考有哪些改革可以吸引他們的注意，也符合他們的利益，也是他們和我都想要進行的項目，一旦溝通成功就可以付諸行動。當我把老師的 KOL 找來，告訴他們我要優先開放候用校長的治校理念發表會，並採取線上實況轉播，他們都非常的高興，他們也很注意的要去收看，而且進行第二階段傳播，所以這個改變也很快落實了。

校長在推動校務，要改變學校政策或學校環境之前，必須先找KOL溝通。現在學校內的意見經常會五花八門，各式各樣的問題都有。有些校長認為校園內的樹木茂密會妨礙視野，就想要移植樹木。光明國小的老師曾經為了樹木問題，而和校長對立。KOL有時是星星之火，但是有時燃燒起來，卻是一發不可收拾。陽明高中的例子，不只是影響校內，更擴展到校外。所以對訊息的接受者，要有效溝通，要吸引他們的注意，符合他們的利益，如果是他們和自己都想要做的，就進一步努力去做。

# 50 內容行銷

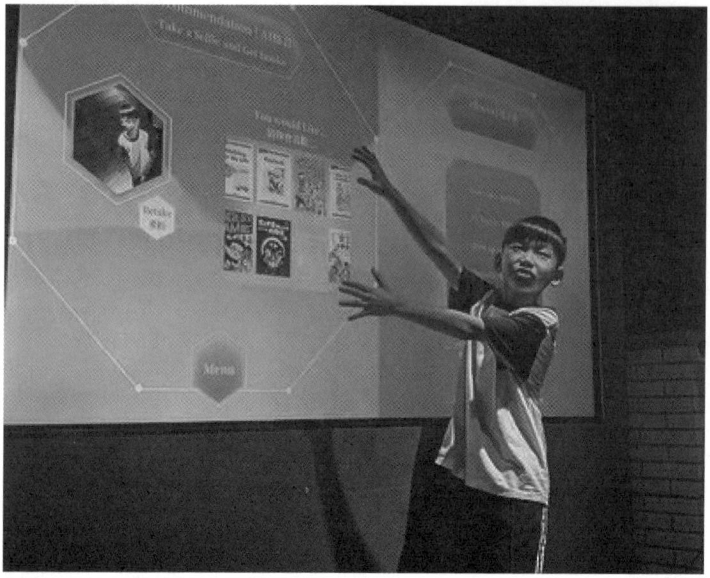

義興國小 AI 智慧圖書館

對訊息的接受者來說，他所需要的訊息應該是正確而有價值的、有關聯性的和有吸引力的，並足以讓訊息的接受者付諸行動，這就是內容行銷（content marketing）的概念。換句話說，內容行銷可以透過各種形式，來吸引信訊息的接受者產生共鳴，並傳遞他們想得到的資訊，有助於他們問題的解決。隨著時代的進步，內容行銷可以和先進的科技相結合，發展更優質的內容，讓訊息的接受者增加信任感。

米其林是法國知名的輪胎製造商，但是卻在一九〇〇年巴黎萬國博覽會期間出版了《米其林指南》（Le Guide Michelin），原先將地圖、加油站、旅館、汽車維修廠等有利於汽車旅行的資訊結合起來，其目的在於汽車旅行愈多，他們的輪胎就會賣得越好。但後來擴展到美食及旅遊指南，強化了米其林這個品牌的印象。米其林的內容行銷，為汽車使用人創造了更多有內容的價值，來達到其宣傳的效果。

內容行銷可以用各種形式的方法，將內容的價值傳給訊息的接受者。常見的內容行銷手法有很多，現在更因科技的進步，創新的方式層出不窮。目前內容行銷的做法主要有：部落格（Blog）、個案研究（Case Studies）、教學文章（How to's）、社群媒體貼文（Social Media）、資訊圖表（Infographics）、YouTube影片、網路研討（Webinar）、電子書（EBooks）、付費廣告（Paid Ad）、搜尋引擎最佳化，SEO（Search Engine Optimization)等。

Engoo是線上英文教學平台，在二〇一五年成立，學員透過和老師語音或視訊上課，提升英文口說的能力，在沒有負擔的環境下學習英文。一開始，用經營部落格的方式，每月固定的發文，主題和課程有關，內容也生活化，也善用臉書粉專，另外學員使用的心得分享，增加了平台的公信力。因此，經由內容行銷，讓Engoo在線上教學市場佔有一席之地。

桃園市建置了「智慧學校、數位學堂」，在初期階段，學校的數位互動教學設備及所需軟體已經先行完成。接下來的第二階段，智慧教學工具的普及和創客課程的建立是主要的重點。在這個階段中，新的教學模式和做中學，成為學校的主要特色。第三個階段就要從數位學堂的基礎之上，去發展智慧學校，讓學校變得更有智慧，變得更有效率，變得讓學生和家長更加喜愛。因此在這個階段，除了學校要導入智慧管理之外，還要透過內容行銷去贏得學生的喜愛和家長的支持。

校長可以利用內容行銷，讓學校變得更有智慧。在智慧學校內，班班有觸屏，下課的時間可以播放影片，一方面可以讓學生放鬆心情，一方面又可以選擇感人的內容行銷，也可以加強師生對學校的認同。校長也可以為教學開設Webinar，也可以選拔老師擔任內容行銷的網紅，也可以善用資訊圖表呈現校務治理的情況，使得校長的溝通成本降低。所以智慧學校的校長，要更有智慧地透過內容行銷，在校內爭取師生及家長的認同，對校外建立學校的聲譽，贏得外界的評價。

# 51 度在身，稽在人

新明國小公開觀課

任何人或任何一方都想把自己最好的特色或長處，想盡辦法，用各種方法展現給別人，並加深其印象。內容行銷的基本精神，就是如此。但無論如何，自己本身有多高的尺度、多大的能耐及多好的特色，都要由他人來考核和評斷。《列子·說符》：「度在身，稽在人。」度是人或物的相關性質所達到的狀況，也是法治、規範、標準、人的器度，外表和儀態。所以人的一切，不是自己說好就好，要由別人來論斷，這就是度在身，稽在人。

南宋末年，賈似道出任宰相，他的朋友送給他的建議是：「勸君高舉擎天手，多少旁人冷眼看。」要他好好的當宰相，要用手把天撐住，別人只有冷眼旁觀，說三道四。所以，人的所做所為，說的話，都看在別人眼裏。有時候，人做事不是為自己而做，而是做給別人看。在家中要做到家人喜歡，在社會要做到人人稱讚。職位愈高，愈容易成為箭靶和黑函攻擊的對象。職位高的人，只要有一個小缺點，很容易就被放大。

「人愛我，我必愛之；人惡我，我必惡之。湯武愛天下，茲王；桀、紂惡天下，故亡，此所稽也。」所以，愛和惡都有必然的因果關係。人家愛我，我就湧泉以報，人家冷眼旁觀對我，我也不會給予好臉色。商湯和周武王愛的是天下，所以能成就王業；夏桀和商紂暴虐無道，為天下人所討厭，就招致敗亡。

校長治校有多努力，氣度有多大，都要由別人去評定，不是自己說了算。老師常常認為自己教得很好，可是學生的評鑑卻是很差。有一位候用校長多年來一直沒有遴選成功，自己看不到自身的問題，還飆罵不相信他自己當不了校長。心理學的研究顯示：一般人把自己想得太好，通常都經不起他人的客觀檢視。很多老師都認為他們沒有教不好，而是學生不努力而且沒有天份。主觀的認定，就是度在身；客觀的稽核，就是稽在人。

「稽度皆明而不道也，譬之出不由門，行不從徑也。以是求利，不亦難

乎？」考核與法度都很清楚，而不照著做，就好比外出不通過大門，行走不順著道路一樣，用這種方法去追求利益不是很困難嗎？但是到了現代，我們的思維和春秋時代不同了。一個有智慧的人，他會去創造新的門路，彈性調整，求得更大的效益。用普通人的眼光，去評斷前瞻性的個人，正如以管窺天，認知有限。現在校園民主意識高漲，老師勇敢追求自己的權益，常和校長對立。有些老師倚老賣老，不配合學校政策，愛搞小團體，投訴黑函不斷，權利爭過頭，影響學生權益。如果老師的氣度不大，小事斤斤計較，成不了大事，只讓校長更掣肘，也會影響到校務的發展。

# 52 微言大義

三星科技總部

人與人相處，有些話不能明講，用簡單的話講一下，或者用歇後語的方式，譬如說：「和尚不吃葷，肚子裡有素（數）。」這就是微言。大義本來是指經書的要義，也是經書內的大道理。所以，微言大義是說包含在精微語言裏的深刻的道理。《漢書．藝文志》：

「昔仲尼沒而微言絕，七十子喪而大義乖。」孔子作《春秋》，其微言大義，指不直接表達對人物和事件的看法，委婉而微妙地表達個人主觀看法。原意是指由後世人嚴格查定前人，看誰是極惡之人、誰尊敬當朝，即所謂「善惡自有歷史證明」。

《三國演義》三百九十回中，有談到諸葛亮的微言。荊州劉表偏愛少子劉琮，不喜歡長子劉琦。劉琮的後母害怕將來劉琦得勢，影響其子劉琮的地位，非常嫉恨他。劉琦感到自己處境非常危險，多次請教諸葛亮，但諸葛亮一直不回應。有一天，劉琦約諸葛亮上小樓看古書，劉琦暗中派人拆走了樓梯。劉琦說：「今日上不至天，下不至地，出君之口，入琦之耳，可以賜教矣。」諸葛亮就說：「疏不間親，亮何能為公子謀？」劉琦聽了欲自刎，葛亮見狀，無可奈何，就說了一句話：「申生在內而亡，重耳在外而安。」劉琦馬上領會了諸葛亮的意圖，立即上表請求領兵派往江夏駐守，避開了後母，終於免遭陷害。

領導人在部屬的績效沒有達到預期目標時，可以先點醒他。同樣地，當部屬看到長官的決策將來會有失敗的後果，也可提出微言。有時候微言可轉化成行動。《史記．陳丞相世家》：「淮陰侯破齊，自立為齊王，使使言之漢王。漢王大怒而罵，陳平躡漢王。漢王亦悟，乃厚遇齊使，使張子房卒立信為齊王。」陳平不說太多話，只要一個用腳踢的小動作，就讓劉邦先暫時穩住了韓信。

禪宗有一種充滿深刻意涵的對話方式，禪宗的祖師經常以這種方式，來印證修禪者的程度，以引導其得到頓悟，這就是禪宗的機鋒。微言和禪宗的機鋒一樣，需要領悟。桃園有一個萬姓的校長，只要你點他一下，他領悟懂了，就會回頭瞄你一下。從微言中，也可以找出每一個人有不同的反應習慣。有一位王姓的校長，你給他微言，他懂了，但是為了保有自己的想法，還會一直抬槓，等我走了以後，卻又照著我的方法努力去做。

微言大義就是要給對方用最簡潔而又不傷人的方式，去提醒對方如何做比較好，但是接受者也要有所領悟。如果不能領悟，那就是「人不可與微言」。換句話說，要懂得話的人才跟他說。多言的人不一定會聽話，別人的話也聽不進去。所以校長在主持校務會議的時候，要靜靜的聽，聽得很清楚，要點在哪裡，簡單的幾句話就答覆了。「故至言去言」，最高明的話不講也會懂。

# 53 見其所見，不見其所不見

Microsoft 總部

談到說話，領導人要微言大義；談到眼見，領導人要見其所見，不見其所不見；視其所視，而遺其所不視。

換句話說，領導人要看的，是看

重點。該看的地方，都已經看到了，至於其他的小節，可以不要計較是否要看。就像我每天搭電梯到十二樓，管它是幾樓，中途一概不理。任何人、事、物都有優點和缺點，在選擇優點的時候，只看優點，可以不看缺點。普通的人則是「見其不見，不見其所見」，不應該看的地方，拼命去看；重要的地方，反而不看。

秦穆公非常愛馬，他有一位有名的馬師叫伯樂。後來伯樂年事已高，秦穆公就要伯樂推薦一位識馬的人給他。伯樂推薦了九方皋，秦穆公就要他去找一匹號稱天下之馬的良馬。九方皋尋找了三個月後，說他已經找到好馬了。秦穆公問：「是什麼樣的馬？」九方皋回答：「是一匹黃色母馬。」秦穆公派人去取，卻是一匹黑色公馬。秦穆公很不高興，就對伯樂說：「您推薦的人連馬的毛色與公母都分辨不出來，又怎麼能識出千里馬呢？」。伯樂說：「九方皋相馬竟然達到了這樣的境界！九方皋看到的是馬的天賦和內在素質，看透牠的內部，而忘記了牠的外表。九方皋只看見所需要看見的，看不見他所不需要看見的。」果然那匹馬是名不虛傳、天下少有的千里馬。

領導人看事物要有特殊的見解。不能像老鼠的眼睛所看到的，只有眼前的一寸，也就是說「鼠目寸光」。高明有智慧的人「見其所見，不見其所不見」，他關注的是該看的重點，至於其他的閒話、小事，聽都不聽，理都不理，看都不看。與此相反，普通的人是不相干的地方拼命的計較，仔細的去看，非常重要的地方反而卻忽略了。領導人也要看場合去決定什麼事情該做，什麼事不該做。

我參加過許多學校的校慶運動會，通常都會有校長及貴賓致詞。沒有看到

天氣炎熱，典禮過程又很冗長，導致群眾不耐。這時卻有一種人長篇大論，這就是愛表現，而又沒有智慧的普通人。有一位校長在國教輔導團的講習中，由於時間的關係，最後要求局長做很短的結論，本當結束，她卻再下結論，而且比局長的還要冗長，局長也不知道那位校長的重點是什麼，當下局長只能不見其所不見。所以當老師的，當你看到學生都不大聽你的時候，那才是要注意的。

領導人要去看你的部屬如何為你賣力，而不要去看他和你意見不同時，所產生的爭執。不要去看他暗地裡如何去毀謗你、攻擊你，而是要看他有沒有默默的付出。領導人也要去看你的部屬是否像《荀子．勸學》所說的：「蓬生麻中，不扶自直」？能夠站起來的，你不必去幫助他，人才就是人才。所以身為一校之長，要看的是教學不力或教學有問題的老師，怎麼樣去協助他們改善，那才是重點。

# 54 有不為，而後可以有為

文欣國小創意骨牌

《孟子．離婁下》：「人有不為也，而後可以有為。」人要明確知道什麼不能做，才懂得什麼可以做，要知道什麼不能說之後，才能懂得自己應該說什麼。有不為和有為是一個取捨的問題。懂得要做什麼不難，但是懂得不要做什麼，需要眼光，也更需要勇氣。當自己能力不夠的時候，要勇敢說不，這樣才能找到自己的舞台，走出自己的道路。

華為的創始人任正非認為一個企業要有所為、有所不為，不能面面俱到。他認為企業的業務要聚焦戰略重點，不能再增加擴大作戰面，把戰略打散就沒有競爭力了。所以華為要做減法，確定的項目一定要做好、做精。我發現很多校長在換了學校之後，心中都有很宏偉的規劃藍圖，要做很多事，讓學校耳目一新。校長們都很喜歡做硬體設施的改善，卻很少專注在教學品質的提升上。

有一次，蘇格拉底到市場上去，有人發現他全神貫注在一些陶器上面，於是那個人就問蘇格拉底是否對這些陶器有興趣。沒想到蘇格拉底就回答說：「我向來有興趣的是，看看市場上有多少我不需要的東西。不要買自己想買的東西，而要買自己所需要的東西。不需要的東西，即使自花一分錢，也是昂貴的。」蘇格拉底是古希臘的大哲學家，他也會從經濟的觀點來知道取捨。

我到每一所學校，都會看校長室的陳設和佈置。有一所學校校長室的沙發使用將近二十年，沙發的表皮都磨壞了，我就問李姓的校長為什麼不換沙發，她回答說沙發雖然陳舊，但尚且可用。由於校長室也是外賓來學校的會客地點，也算是學校的門面，校長不換沙發，可以說是有不為，她的取捨令我印象深刻。

Warren Buffet 是全球知名的股神，他的成功，不是因為他做的比別人多，而是比別人少。他將一天的多數時間用於閱讀，行程表幾乎是空的。他偏好抓住少數的重大機會，而不是追逐眾多的愚蠢機會。他把焦點專注在有影響力，而又對他來說是最重要的事物上。他也請他私人飛機的駕駛 Mike Flint 列出他最重要的25個目標，並圈出五個最重要的目標給他。Flint 說他先做優先的五個目標時，也會挑選合適的機會，去完成另外二十個目標。Buffet 就說：「Flint 你錯了，另外二十個目標，要變成全力避免的清單。」

我們有很多目標和工作要做，必須要有減法。校長要考量學校的環境資源和條件，在能力所及的情況之下，專注在一些重點工作上。校長也要訂出自己的不做清單，勇敢的向一些目標說不，要扔掉你所喜愛的、但卻不是最重要的事。因為有時候最愛的事，會讓你沉迷，當資源及能力不足時，對你就會造成最大的阻礙。

## 55 治與不治

桃園國小創客雷雕

《列子·仲尼》中有記載堯治理天下五十年，他不知道把天下治理的好還是不好，就問朝中左右，也問了外朝的諸候，和在野的民間，結果通通都不知道，也沒有一個結論。堯是賢君，難道會不知道嗎？因為好與不好沒有固定的標準，即使再賢明的領導人，其作為也不可能令所有的人都很滿意。通常表面上都會說好，可是背地裡通常都會在謾罵。所以當領導人不要因為大家都在講好，而被這個現象騙了，因為你的權位在哪裡。

堯得不到結論之後，只好化裝成老百姓，微服出行，到熱鬧的大街上去打聽消息。他聽到小孩子在唱：「立我蒸民，莫匪爾極，不識不知，順帝之則。」這個歌的意思在說：你做得好到極點，能夠讓民眾生活安定，無憂無慮，只要服從上天的法則就有很好的發展。堯聽了很高興，因為政治達到清明的時候，老百姓反而沒有意見了。所以在校園裡，老師的意見多，問題多，也反映了校園自治的不穩定。一位好的校長，治校能夠獲得老師的支持，老師的意見自然就會少，校內也就不會有對立衝突。

領導人要懂得一種藝術，那就是反對的意見用正面來表述。兒童文學中經常有這麼一段：「小姐小姐別生氣，你吃香蕉我吃皮，你坐椅子我坐地。」表面上是恭維，實際上背地裡卻是在罵。把負面的訊息，包裝在善意的語言裡，叫做委婉。領導人要懂得委婉說話，散發出一種含蓄的魅力，想要解雇員工，不要說：You are fired. 而是委婉的說：We have to let you go. 說人家偷懶，不要說 lazy，而是說 couch potato（沙發上的馬鈴薯）。

桃園市的校長任期將屆滿時，需要進行校務評鑑，也對校長進行訪談，並將治校的成果提供給遴選委員會參考。過去曾經請聘任督學去訪談校長，由於聘任督學都是校長退休，與現任校長關係密切，所得的訪評結果自然偏向校長。後來由學者專家出任，這種情況就獲得改善。有一次我到一個學校去訪談老師，校長要求在旁邊傾聽，為了取得老師的真實意見，我就請校長迴避。所以治校成果的好壞，要用客觀的方式去了解。

領導人要避免的是自我感覺良好，難以接受不同的意見和批評。汲黯經常和漢武帝頂撞，漢武帝要做不對的事他就反對，高明的皇帝在處理國家大事時，喜歡反對派的重臣，他們也知道幸臣會拍皇帝的馬屁。乾隆喜歡和珅，即使當了太上皇也是。有人就問乾隆，你那麼精明，為什麼要包庇和珅？乾隆說當皇帝不好過，總要留一個人給我玩玩。在今日多元的民主社會下，治與不治沒有絕對齊一的答案。因此對學校的領導人來說，要採納校內不同的意見，當你認為不同的意見不可行的時候，你要委婉的說明。

# 56 惑與不惑

和平實小實驗教育交流

《列子．湯問》中有談到孔子曾經被小孩子難倒過。有一次孔子東遊時，看見兩個小孩子在鬥嘴。一個說：「日初出大如車蓋；及日中，則如盤盂，此不為遠者小而近者大乎？」另一個則說：「日初出滄滄涼涼；及日中如探湯，此不為近者熱而遠者涼乎？」對於太陽剛出來，是離我們比較近還是比較遠，當時孔子下不了定論，由於大家都公認孔子學問好，兩個小孩子就笑他「孰為汝多知乎？」

如果時空環境換到現代，有關「兩小兒辯日」的問題，孔子就可以拿著手機，上網 Google 一下，就可以找到答案了。現代的知識呈現爆炸性的成長，所以有用的資訊，在最短的期間之內，能夠被掌握、正確的判讀和利用，就會成為領導人所要關切的焦點。所以現代和古代不同，現代的知識累積非常迅速，而且知識和訊息的數量非常龐大，如果沒有經過適當的處理和驗證，反而創造出更多、更大的問題，造成了我們的困惑。

華航諾富特染疫事件，在台灣引起很大的風暴，致使社會上對此一事件的究責聲浪不斷。有媒體報導，華航的董事長將由桃園市兩位副市長擇一出任。

此一訊息充分顯示了媒體要創造議題，但也給社會帶來了討論，也產生了一些疑惑。不負責任的媒體發表不負責任的消息，這是台灣常見的現象。因為媒體報導不實，並沒有得到任何的懲罰。所以到處充斥著假消息，產生了疑惑，也浪費很多社會成本需要去澄清。

《論語．子罕》：「子曰：『知者不惑，仁者不憂，勇者不懼。』」因此，有智慧的人不會對事情感到迷惑。漢班固《白虎通．情性》：「智者，知也。獨見前聞，不惑於事，見微者也。」見到事情的苗頭，就能知道它的實質和發展趨勢。任何事物都有對立面，有正就有反，有智慧的人會以平常心來看事物的變化。

《莊子．至樂》：「莊子妻死，惠子弔之。莊子則方箕踞，鼓盆而歌。惠子曰：『與人居，長子，老，身死，不哭，亦足矣，又鼓盆而歌，不亦甚乎。』」莊子喪妻，惠施前往弔唁，卻看見莊子正在敲著瓦盆唱歌。惠施指責莊子太過分了。莊子說：「她剛死時，我何嘗不悲傷？但後來想，起初她沒有生命、沒有形體、也沒有氣息。爾後在若有若無的自然變化中，氣息、形體、生命漸漸成形，死生如四季運行，她既已安息在大自然的環境當中，而我在旁邊大哭，這樣就有違自然的情理了。」惠施的困惑，從莊子的智慧得到了解答。

要知就要學，要不惑就要思辨。學校是學和思辨的場所，也是解惑的地方。當學而不思辨，就只能當追隨者，人云亦云，這種人也是八卦消息的傳播者。當領導人就要能學而思辨，也能解惑，並足以為人師。領導人也不能製造困惑，有位老師曾是校長的得力助手，有一天必須請假，校長尋找理由，不予照准，引起該師反彈，並聯合教師團體向校長表達抗議，也向教育局投訴，並將校長逼入困境。《論語・顏淵》：「愛之欲其生，惡之欲其死，既欲其生，又欲其死，是惑也。」所以我們做人處事，最難的是不要受到自己的蒙蔽。所以領導人自己要有智慧、能夠思辨，才能不惑。

# 57 智慧的選擇

瑞梅國小新建校舍

二〇〇七年一月十二日，Washington Post 邀請葛萊美獎得主，也是著名的小提琴家 Joshua David Bell 選擇在華盛頓特區的地鐵 L'Enfant Plaza 站入口，打扮成街頭藝人，連續演奏四十五分鐘，在這個期間他表演了巴哈、舒伯特等難度極大的曲目，他所用的小提琴亦是義大利 Stradivarius 家族在一七一三年製造的，也是當今世界上最名貴的提琴之一，價值高達三百五十萬美元。表演的四十五分鐘裡，統計共有一千零九十七個路人經過，只有七個路人駐足觀賞，其中有一個人發現他就是大名鼎鼎的小提琴家，而他只被二十七人共「施捨」了$32.17美元，而當時他在波士頓歌劇院的同樣的演奏，演出門票每張高達三百美元，亦是一票難求。這個例子說明了：著名的人物仍然需要平台和舞台，平凡的人經常不是能夠慧眼識英雄。

一個很有能力的人，沒有舞台，也顯現不了他的才華和能力。《史記·淮陰侯列傳》有記載韓信家貧，常去河邊釣魚維生，經常釣不到魚，一位漂洗的大娘見他可憐，經常把自己的飯分一半給他吃。後來韓信投軍，先在項羽帳下擔任執戟郎，感覺沒有前途，轉投劉邦，擔任治粟都尉，有感懷才不遇，要另投明主，導致蕭何月下追韓信。蕭何並向劉邦舉薦韓信，終於韓信登壇拜將，一展長材。所以，有能力的人需要舞台、需要機會、也需要貴人。

領導人要主動給有能力的部屬機會和舞台。很多校長常常向我提出他們想要的，而不是必要的。Warren Buffet 就認為我們習慣了想要，想要的東西就會越來越多，如果對自己的資源和能力，沒有辦法認知透徹，永遠就沒有辦法成功。校長想要的多是硬體的建設，學校必要的應該是漏水及廁所的整治，空間的安全和友善。但很多校長想要的是圖書館、校史室及專科教室的改裝，他們通常會要很多東西，而且想辦法，並有計畫一步一步的完成。

瑞梅國小蓋了新的活動中心和校舍之後，僅剩下一棟外觀破落的建築，與新校舍呈現強烈的對比。校長認為已經花了教育局那麼多的經費，應該不太容易再爭取整修的機會，而有點猶豫。我考量整體性，馬上就支持學校三千萬元，讓學校全部煥然一新。很多人都是「求於人者畏於人」，要請人幫忙，很少人開門見山就提，都是先岔開話題，沒有單刀直入，等到最後才提出來。所以對於想要的，評估後也有能力做到，就要勇敢努力的去爭取。

每一個人都需要智慧的選擇機會、舞台和貴人。一般人都認為貴人很難遇到，很難特意求來。然而，最重要的是，你如何用心看身邊的人、事、物，讓許多意想不到的機會出現。人們都認為貴人是等來的、是偶然遇到的，其實不是。貴人是我們自己尋找的，不是貴人塑造了我們，是我們創造了貴人。李斯和韓非都師從荀子學習帝王之術，但後來李斯入秦，投於呂不韋門下，成了舍人，後來更為秦王嬴政重用，滅了六國。所以，李斯找到了呂不韋這個貴人，也創造了秦始皇是他的貴人。所以，每個人都要主動積極、掌握機會做智慧的選擇。

以色列幼兒園藝術表演課

# 58 知所進退

智慧的選擇也要知道知所進退。《左傳．宣公十二年》：「見可而進，知難而退，軍之善政也。」其實，知所進退，何止是「軍之善政」，在所有的生活場合，我們都需要知所進退。「敵進我退，敵駐我擾，敵疲我打，敵退我追」。中國共產黨在建立紅軍早期，面對敵人的進攻，首創了這「十六字訣」，充分顯示了進退的原則。我們看到很多勵志的事蹟，都要鼓勵人家不畏困難，勇敢向前行，但是相對較少看到退一步可以進兩步。

范蠡輔佐越王勾踐臥薪嚐膽，最終打敗吳王夫差滅吳。成功復國之後，他深知難以久居，因為「飛鳥盡，良弓藏；狡兔死，走狗烹」。他了解勾踐其人「長頸鳥喙」，可與共患難，難與同安樂。因此，范蠡不貪圖功名，選擇功成身退，隱居山林戮力墾荒耕作，並四處經商。范蠡為出色的商人，有著驚人的經商之道，所得之財均散盡以救濟貧困，為世人所稱道，由於第三次遷徙至陶，就自稱陶朱公，被視為中國商人之鼻祖。

金庸年輕時，最早的理想是當外交官，但是當外交官要加入中國共產黨，共產黨員會有嚴格的紀律要求，金庸心想自己是一個放蕩不拘的人，不想受到

約束，也知道要走外交的路不合適，就回到香港，不久就開始武俠小說的創作。因此，我們也不難了解金庸筆下的任盈盈，將教主之位傳給向問天後，與令狐冲在杭州西湖梅莊成親，婚後，夫妻兩人淡泊名位和權勢，決定退隱，笑傲江湖。

桃園有一所總量管制學校，每年學生的入學，都造成了學校教育局很大的負擔。由於僧多粥少，家長的抱怨也多，民意代表關說的壓力也大。在這種情況之下，學校的空間壓力非常大，校長不管他人意見，仍然堅持要增加設立資優學生班。校長的迷思在於認為好的學校應該要有資優班。我了解到鄰近的學校有雙語教學為其特色，會造成對校長的壓力，然而我們預期增設資優班之後，非但不能緩和解決入學問題，反而會讓問題加重，礙難照准，讓校長碰了一鼻子灰。

知所進退從另一角度看就是能屈能伸。項羽兵敗突圍到烏江邊，亭長有準備船給他渡江回到江東，項羽以無顏見江東父老為由拒絕，後來追兵至，遂自刎。若項羽知難而退，回到江東重整旗鼓，屆時可能又是一番局面。在能力不及時，不要去挑大樑。周勃因平定諸呂之亂有功，漢文帝把原先陳平擔任右丞相的位子，給了周勃。後來他自己發現能力不足，又請文帝把右丞相的位子還給了陳平。但是當機會來了，自己又有能力，就要勇往直前，大膽承擔。

# 59 得失之間

童軍團木章訓練

楚莊王在邲地戰勝了晉國，楚國令尹孫叔敖立下了很大的功勛。楚莊王想要封賞他，孫叔敖卻婉言謝絕了。孫叔敖病重臨死之前對兒子說：「如果我死了，楚王一定會封賞你肥沃的土地。你一定要推辭掉，只接受貧瘠的沙石土地。在楚、荊之間有個地方叫寢丘，那兒的土地貧瘠，地名也很難聽很不吉利。當地人信奉鬼神，沒人喜歡那裡。」孫叔敖去世之後，其子遵從遺言，謝絕了楚王的美意，只要求賞封寢丘之地。按照楚例，功臣的爵祿傳到第二代，君主就要收回先前賞賜的封祿，由於貧瘠土地的關係，使孫叔敖一家能保存了下來，代代相傳。有時看似失去了，結果卻是得到了。

齊景公遊牛山，在山上看到自己所統治的美麗國土，土地廣袤，農產豐富，想到總有一天要離開這個土地而逝去，就非常的傷感。當時孔梁和丘據兩個人在旁，看到國王傷感也哭了，惟獨晏子在旁邊笑。《列子．力命》：「見不仁之君，見諂諛之臣，臣見此二者，臣之所為獨竊笑也。」晏子批評齊景公說：「使賢者常守之，則太公、桓公將常守之矣；使有勇者而常守之，則莊公、靈公將常守之矣。」也就是說，你有賢有勇的祖先都常在的話，還會有你的位子嗎？

有得就有失，有上就有下。失去也意味著另外一種獲得，因為磨練會換來成長，努力會帶來收穫。成敗得失乃自然現象，「其使多智之人量利害，料虛實，度人情，得亦中，亡亦中。其少智之人不量利害，不料虛實，不度人情，得亦中，亡亦中。量與不量，料與不料，度與不度，奚以異？」。換句話說，不管聰明和愚笨的人，計不計較人間的利害關係，懂不懂人情世故虛實的道理，成功也行，不成功也行。一切成敗得失，都以平常心看待。

有些校長因為學校事故，而面臨被迫去職，內心就忿忿不平。卸任之後一直計較誰給他難堪，甚至提起法律訴訟，以期掙回他所認為失去的名譽。這種看不開的做法，更引起學校各方人士的反彈，又讓學校陷於人心不安的境地。如果校長的處事是這樣子的話，那校長的煩惱和痛苦就多了。我們要知道「欲除煩惱須無我，各有前因莫羨人。」凡事要想得開，不怨恨他人，也不羨慕他人。

我到過很多校長室，有些校長很重視風水。我以北京故宮的風水為例，故宮的風水多少大師看過，應該很棒，毫無疑義。皇宮有九個門，哪幾年的運氣在哪一個門，就開那個門。因此，九宮八卦都是想子孫萬代。在位長達六十年的皇帝只有康熙和乾隆，明建文和清宣統都是很短就結束了。有得就有失，有成功就有失敗，要上台的時候就要準備下台。所謂「上台容易下台難」，看得開才能豁達。

# 60 領導人的易經哲學

法國里昂

中國古代有許多大思想家的思想，都是從易經來的。易經是經典中之經典，哲學中之哲學，智慧中之智慧。易經的三大原則就變易、簡易和不易。易經的原則，也就是自然界的法則。世間的萬物，都會經歷生長、壯大、衰老和變化，然後一個歷史的階段就會過去了。「物不可以久居其所，故受之以遯，遯者退也。」所以領導人也會經歷功成、名遂和身退。

領導人時間到了也要交班，交給年輕的一代。所以「物不可以終遯，故受之以大壯。」年輕的人可以茁長壯大，自然會求進步。因而「物不可以終壯，故受之以晉，晉者進也。」由於進步對舊的具有破壞性，改革就必有所傷。這就是所謂「進必有所傷，故受之以明夷，夷者傷也。」接下來，「傷於外者必反其家，故受之以家人。」然而「家道窮必乖，故受之以睽，睽者乖也。」到了窮盡極點的時候，就會乖張。過分的乖張，困難就會來，也會寸步難行。「乖必有難，故受之以蹇，蹇者難也。」

困難久了總要想辦法找出路，所以「物不可以終難，故受之以解，解者緩也。」性情緩慢的人，容易把困難延宕下來，慢慢等待用變化來解決，但是「緩

必有失，故受之以損。」損了這邊，就會給另一邊有益處，「損而不已必益，故受之以益。」受益之後，不曉得進退，過滿溢出就是決。「益而不已必決，故受之以夬。夬者，決也。」夬也是缺，也是決斷地處理人際關係，尤其是要和小人劃清界限。

由易經來觀察宇宙萬物，人生不會有絕路，自然會有新的環境出現，所以遭遇就來了。「夬必有所遇，故受之以姤，姤者遇也。」有新的相遇機會，就會有新的結合。「物相遇而後聚，故受之以萃，萃者聚也。」有聚就會集結資源和力量去發展，「聚而上者謂之升，故受之以升。」「升而不已必困，故受之以困。」困在上面高點，自然要下來，「困乎上者必反下，故受之以井。」在井裏四面受困，要想辦法掙脫，打破環境的束縛，就是改革。「井道不可不革，故受之以革。」改革的工具莫如鼎，東西放進去，重新熔化，再予建立。「革物者莫若鼎，故受之以鼎。」

中國的家族制度是因長兄當家，弟妹視長兄如父。所以「主器者莫若長子，故受之以震，震者動也。」震是長男，另一個意義就是動。然而「物不可以終動，止之，故受之以艮，艮者止也。」但天下事不能永久停滯不前，「物不可以終止，故受之以漸，漸者進也。進必有所歸，故受之以歸妹。得其所歸者必大，故受之以豐，豐者大也。」家族擴大了，人口多了，房子不夠住了，只好出外去了。「窮大者必失其居，故受之以旅。」出外如果吃不開就回來，回來就會高興。這就是「旅而无所容，故受之以巽，巽者入也。入而後說之，故受之以兌，兌者說也。」

人經常高興過度而得意忘形，像水一樣散掉。所以渙散之後，終歸要節制。

「說而後散之，故受之以渙，渙者離也。物不可以終離，故受之以節。」有了節制，就有中和的作用。「節而信之，故受以中孚。」中孚也是有信，有信自然可以有所行動，必須小心翼翼地進行，會得到小過。「有其信者必行之，故受之以小過。」在歷經不順利的考驗之後，事情才有成功的機會。因此，「有過物者必濟，故受之以既濟。」既濟之後接的是未濟，「物不可窮也，故受之以未濟終焉。」用一個不圓滿的卦來結束易經，用無常襯托出有常，萬物都在變化，永無止境。

易經的精髓在於：《周易．繫辭上》：「天尊地卑，乾坤定矣。卑高以陳，貴賤位矣。動靜有常，剛柔斷矣。方以類聚，物以群分，吉凶生矣。在天成象，在地成形，變化見矣。」領導人要順應變化的時機，不能過與不及，不斷地學習，寬以待人，居高思危，知道天道循環，新舊交替，功成身退。明代開國元動湯和能夠機警和自律，在功成名遂後急流勇退，避開了朱元璋殺戮功臣之危機，得以善終。校長在職業生涯中，會擔任幾個學校的校長，一個學校的結束，就是另外一個學校的開始，要學、要問、會寬和行仁才是成功的校長。

國家圖書館出版品預行編目 (CIP) 資料

管理的智慧 / 高安邦著 .
-- 臺北市 : 樂果文化出版 : 紅螞蟻圖書發行 , 2021.11
面 ; 公分 . -- ( 樂繽紛 ; 50)
ISBN 978-957-9036-35-1( 平裝 )

1. 管理科學

494 110016850

樂繽紛 50

**管理的智慧**

作　　者 ／ 高安邦
總 編 輯 ／ 何南輝
行銷企劃 ／ 黃文秀
封面設計 ／ 引子設計
內頁設計 ／ 沙海潛行

出　　版 ／ 樂果文化事業有限公司
讀者服務專線 ／ （02）2795-3656
劃撥帳號 ／ 50118837 號　樂果文化事業有限公司
印 刷 廠 ／ 卡樂彩色製版印刷有限公司
總 經 銷 ／ 紅螞蟻圖書有限公司
地　　址 ／ 台北市內湖區舊宗路二段 121 巷 19 號（紅螞蟻資訊大樓）
電話：（02）2795-3656
傳真：（02）2795-4100

2021 年 11 月第一版　定價／ 300 元　ISBN 978-957-9036-35-1